国家骨干高职院校工学结合创新成果系列教材

单片机应用技术

主　编　张存吉　宁爱民

副主编　张仲良　兰如波

主　审　孙　凯

中国水利水电出版社
www.waterpub.com.cn

内 容 提 要

本书以 MCS - 51 单片机为背景，交通灯项目为载体，融合单片机各个知识点，内容包括交通灯项目分析；认识单片机；交通灯硬件设计；交通转向灯程序控制；交通灯定时、中断实现；交通灯键盘、显示实现；交通灯串口通信实现；交通环境噪声测试等。本书内容融知识传授、技能培养为一体，注重应用知识的技术实现和动手能力的培养。

本书可作为高职高专电子、电气、自动化、机电一体化等专业的教材，也可作为大学生电子设计竞赛的训练教材以及从事单片机应用系统开发和应用工程技术人员的参考用书。

图书在版编目（CIP）数据

单片机应用技术 / 张存吉，宁爱民主编. -- 北京：
中国水利水电出版社，2014.8
国家骨干高职院校工学结合创新成果系列教材
ISBN 978-7-5170-2437-8

Ⅰ. ①单… Ⅱ. ①张… ②宁… Ⅲ. ①单片微型计算
机—高等职业教育—教材 Ⅳ. ①TP368.1

中国版本图书馆CIP数据核字(2014)第201196号

书　　名	国家骨干高职院校工学结合创新成果系列教材 **单片机应用技术**	
作　　者	主编　张存吉　宁爱民　　副主编　张仲良　兰如波	
出版发行	中国水利水电出版社 （北京市海淀区玉渊潭南路1号D座　100038） 网址：www. waterpub. com. cn E - mail：sales@waterpub. com. cn 电话：(010) 68367658（发行部）	
经　　售	北京科水图书销售中心（零售） 电话：(010) 88383994、63202643、68545874 全国各地新华书店和相关出版物销售网点	
排　　版	中国水利水电出版社微机排版中心	
印　　刷	北京市北中印刷厂	
规　　格	184mm×260mm　16开本　12.25印张　290千字	
版　　次	2014年8月第1版　2014年8月第1次印刷	
印　　数	0001—3000册	
定　　价	**29.00元**	

凡购买我社图书，如有缺页、倒页、脱页的，本社发行部负责调换

国家骨干高职院校工学结合创新成果系列教材
编 委 会

前言

单片机是微型计算机的一个重要分支。它使计算机从海量数值计算进入智能控制领域，并由此开创了工业控制的新局面。单片机技术广泛应用于电子、通信、家用电器、自动控制、智能化仪器仪表等各个领域。因其具有体积小、功能多、价格低廉、使用方便、系统设计灵活等优点，自20世纪70年代问世以来，单片机技术已经成为从事智能化产品开发工作的工程技术人员必备的技术。

单片机应用技术课程是一门实用性很强的专业课，编者参考了大量文献资料，并总结了多年来积累的单片机教学与科研实践经验，以培养学生应用能力为目标，编写了此书。

全书以交通灯项目为载体，贯穿整本教材，共分8个项目，分别是交通灯项目分析，认识单片机，交通灯硬件设计，交通转向灯程序控制，交通灯定时、中断实现，交通灯键盘、显示实现，交通灯串口通信实现，交通环境噪声测试。全书内容融知识传授、技能培养为一体，注重应用知识的技术实现和动手能力的培养。使读者能够在掌握单片机原理的基础上，具备构建单片机应用系统的技能。

本书具有以下特点：

（1）全书选材合理，内容编排按照项目为载体，实践中学习理论，符合读者的认知规律；方便老师教学和学生对知识的理解和掌握。

（2）从项目1开始由学生动手制作简单应用系统，并用于后续教学的实训，培养学生对课程学习的成就感，提高学生的学习兴趣，大大缩短了学生从学到用之间的距离。

（3）注重硬件与软件的紧密结合。应用单片机虚拟仿真技术，强调软件与硬件在仿真系统上的综合调试能力，旨在使读者尽快掌握单片机系统开发的全过程。

（4）注重知识学习和技能培养的融合，通过从感性到理性，从任务训练到理论学习的过程。

（5）实训任务软、硬件配备齐全，真实可靠，有利于学生实践技能的培养与训练。

（6）本书由广西水利电力职业技术学院与南宁强国科技有限公司联合编写，书中内容大量吸收了企业多年的单片机系统设计经验，对于从事系统开发的工程技术人员十分有用。

关于本书的使用：本书是以构建单片机应用系统的技术要求来展开的，适用于教、学、做的开放式教学模式。

本书由张凯教授主审，张存吉和宁爱民主编，南宁强国科技有限公司的张仲良高级工程师担任副主编，石巍、倪杰参加本书的编写。张存吉对编写思路与大纲进行了总体策划，完成了项目1、2、3、8的编写，并负责全书的组织和定稿。宁爱民完成项目4、6的编写，并负责全书的统稿工作，张仲良设计了项目框架，并制定了项目实施规范，石巍编写了项目7，倪杰编写了项目5，负责全书大部分硬件、软件的综合调试工作，并提供了附录资料。在此表示感谢。

由于时间仓促和水平有限，书中难免存在错误与不妥之处，恳请读者批评指正，不胜感激。

编者
2014 年 4 月

目　录

项目1 交通灯项目分析

【学习目标】

1. 专业能力目标：能正确理解交通灯系统的功能要求。
2. 方法能力目标：掌握单片机系统开发流程。
3. 社会能力目标：培养认真做事、细心做事的态度。

【项目导航】

本项目主要以交通灯系统为项目载体，介绍单片机系统设计的项目立项、市场调查、论证等过程。

任务1.1 项 目 简 介

【任务导航】

以交通灯项目为载体，介绍该项目的组成结构及所实现的功能。

1. 项目背景

当今，红绿灯安装在各个道口上，已经成为疏导交通车辆最常见和最有效的手段。这一技术在19世纪就已出现了。

1858年，在英国伦敦主要街头安装了以燃煤气为光源的红、蓝两色的机械扳手式信号灯，用以指挥马车通行。这是世界上最早的交通信号灯。1868年，英国机械工程师纳伊特在伦敦威斯敏斯特区的议会大厦前的广场上，安装了世界上最早的煤气红绿灯。它由红绿两色以旋转式方形玻璃提灯组成，红色表示"停止"，绿色表示"注意"。1869年1月2日，煤气灯爆炸，使警察受伤，遂被取消。

电气启动的红绿灯出现在美国，这种红绿灯由红绿黄三色圆形的投光器组成，1914年始安装于纽约市5号大街的一座高塔上。红灯亮表示"停止"，绿灯亮表示"通行"。

1918年，又出现了带控制的红绿灯和红外线红绿灯。带控制的红绿灯，一种是把压力探测器安在地下，车辆一接近红灯便变为绿灯；另一种是用扩音器来启动红绿灯，司机遇红灯时按一下喇叭，就使红灯变为绿灯。红外线红绿灯是当行人踏上对压力敏感的路面时，它就能察觉到有人要过马路。红外光束能把信号灯的红灯延长一段时间，推迟汽车放行，以免发生交通事故。

信号灯的出现，使交通得以有效管制，对于疏导交通流量、提高道路通行能力、减少交通事故有明显效果。1968年，联合国《道路交通和道路标志信号协定》对各种信号灯的含义作了规定。绿灯是通行信号，面对绿灯的车辆可以直行，左转弯和右转弯，除非另一种标志禁止某一种转向。左右转弯车辆都必须让合法的正在路口内行驶的车辆和过人行横道的行人优先通行。红灯是禁行信号，面对红灯的车辆必须在交叉路口的停车线后停车。黄灯是警告信号，面对黄灯的车辆不能越过停车线，但车辆已十分接近停车线而不能安全停车时可以进入交叉路口。

2. 交通灯项目功能要求

应用单片机设计一套交通灯系统，要求实现以下功能：

（1）状态1，南北方向绿灯亮25s，红、黄灯灭，东西方向红灯亮30s，绿、黄灯灭。

（2）状态2，南北方向黄灯亮5s，红、绿灯灭，东西方向仍然红灯。

（3）状态3，南北方向红灯亮30s，绿、黄灯灭，东西方向绿灯亮25s，红、黄灯灭。

（4）状态4，南北方向仍然红灯，东西方向黄灯亮5s，红、绿灯灭。

（5）循环至状态1，如表1.1所示，继续。

（6）紧急情况按下按键，使东西南北四个方向亮红灯，10s后再恢复按下按键前的状态。

（7）用7段LED数码管显示通行或禁止的倒计时时间。

（8）系统可以将倒计时时间上传至PC机显示。

（9）系统具有测试交通环境现场噪声的功能。

表1.1　　　　　　　　　　　　　交通灯的状态切换表

南 北 方 向		东 西 方 向	
序　号	状　态	序　号	状　态
1	绿灯亮25s，红、黄灯灭	1	红灯亮30s，绿、黄灯灭
2	黄灯亮5s，红、绿灯灭		
3	红灯亮30s，绿、黄灯灭	2	绿灯亮25s，红、黄灯灭
		3	黄灯亮5s，红、绿灯灭
回到状态1		回到状态1	

3. 交通灯系统组成结构

交通灯系统由单片机最小系统、按键、A/D转换器、LED灯、数码管及驱动电路、RS-232串口等组成，系统组成框图如图1.1所示。

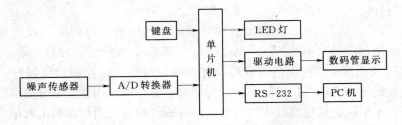

图1.1　交通灯系统组成框图

任务1.2　单片机系统开发过程

【任务导航】

以交通灯项目为载体，介绍单片机系统开发流程。

2

1.2.1　设计原则

1. 可靠性高

（1）在器件使用上，应选用可靠性高的元器件，以防止元器件的损坏影响系统的可靠运行。

（2）选用典型电路，排除电路的不稳定因素。

（3）采用必要的冗余设计或增加自诊断功能。

（4）采取必要的抗干扰措施，以防止环境干扰。可采用硬件抗干扰或软件抗干扰措施。

2. 性能价格比高

简化外围硬件电路，在系统性能许可的范围内尽可能用软件程序取代硬件电路，以降低系统的制造成本。

3. 操作维护方便

操作方便表现在操作简单、直观形象和便于操作。在系统设计时，在系统性能不变的情况下，应尽可能地简化人机交互接口。

1.2.2　开发流程

单片机系统开发是一项谨慎而严密的工作，开发流程如图 1.2 所示。

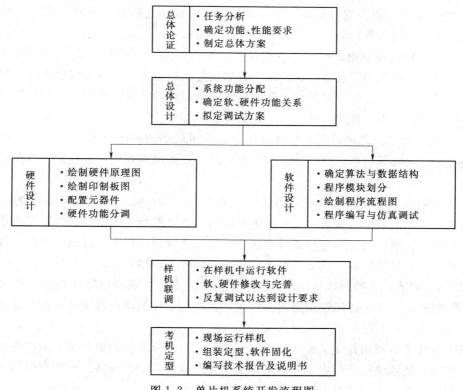

图 1.2　单片机系统开发流程图

1. 确定任务

通过分析，初步确定系统的功能要求。

2. 方案设计

(1) 单片机类型和器件的选择。

1) 性能特点要适合所要完成的任务，避免过多的功能闲置。

2) 性能价格比要高，以提高整个系统的性能价格比。

3) 结构原理要熟悉，以缩短开发周期。

4) 货源要稳定，有利于批量的增加和系统的维护。

(2) 硬件与软件的功能划分。在 CPU 时间不紧张的情况下，应尽量采用软件。如果系统回路多、实时性要求强，则要考虑用硬件完成。

3. 硬件设计与调试

(1) 硬件设计。

1) 单片机电路设计。时钟电路、复位电路、供电电路的设计。

2) 扩展电路设计。程序存储器、数据存储器、I/O 接口电路的设计。

3) 输入输出通道设计。传感器电路、放大电路、多路开关、A/D 转换电路、D/A 转换电路、开关量接口电路、驱动及执行机构的设计。

4) 控制面板设计。按键、开关、显示器、报警等电路的设计。

(2) 硬件调试。

1) 静态调试。静态调试是检查印制电路板、连接和元器件部分有无物理性故障，静态调试完成后，接着进行动态调试。

a. 目测。检查印制电路板的印制线是否有断线、是否有毛刺、线与线和线与焊盘之间是否有粘连、焊盘是否脱落、过孔是否金属化等。检查元器件是否焊接正确、焊点是否有毛刺、焊点是否有虚焊、焊锡是否使线与线或线与焊盘之间短路等。通过目测可以查出某些明确的器件、设计故障，并及时予以排除。

b. 万用表测试。先用万用表复核目测中认为可疑的边线或接点，再检查所有电源的电源线和地线之间是否有短路现象。这一点必须要在加电前查出，否则会造成器件或设备的毁坏。

c. 加电检查。首先检查各电源的电压是否正常，然后检查各个芯片插座的电源端的电压是否在正常的范围内、固定引脚的电平是否正确。然后在断电的状态下将集成芯片逐一插入相应的插座中，并加电仔细观察芯片或器件是否出现打火、过热、变色、冒烟、异味等现象，如有异常现象，应立即断电，找出原因并予以排除。

2) 动态调试。动态调试是在目标系统工作状态下，发现和排除硬件中存在的器件内部故障、器件间连接的逻辑错误等的一种硬件检查。硬件的动态调试必须在开发系统的支持下进行，故又称为联机仿真调试。

具体方法是：利用开发系统友好的交互界面，对目标系统的单片机外围扩展电路进行访问、控制，使系统在运行中暴露问题，从而发现故障并予以排除。典型有效的访问、控制外围扩展电路的方法是对电路进行循环读或写操作。

4. 软件设计与调试

单片机应用系统的软件设计通常包括数据采集和处理程序、控制算法实现程序、人机对话程序和数据处理与管理程序。

(1) 程序的总体设计。程序的总体设计是指从系统高度考虑程序结构、数据格式和程序功能的实现方法与手段。程序的总体设计包括拟定总体设计方案、确定算法和绘制程序流程图等。

1) 模块化程序设计。模块化程序设计的思想是将一个功能完整的较长的程序分解成若干个功能相对独立的较小的程序模块,各个程序模块分别进行设计、编程和调试,最后把各个调试好的程序模块装配起来进行联调,最终成为一个有实用价值的程序。

2) 自顶向下逐步求精程序设计。自顶向下逐步求精程序设计要求从系统级的主干程序开始,从属的程序和子程序先用符号来代替,集中力量解决全局问题,然后再层层细化、逐步求精,编制从属程序和子程序,最终完成一个复杂程序的设计。

3) 结构化程序设计。结构化程序设计是一种理想的程序设计方法,它是指在编程过程中对程序进行适当限制,特别是限制转移指令的使用,对程序的复杂程度进行控制,使程序的编排顺序和程序的执行流程保持一致。

(2) 软件调试。软件调试是通过对目标程序的汇编、连接、执行来发现程序中存在的语法错误与逻辑错误,并加以排除纠正的过程。

调试原则如下:

1) 先独立后联机。

2) 先分块后组合。

3) 先"单步"后"连续"。

(3) 系统联调。系统联调是指目标系统的软件在其硬件上实际运行,将软件和硬件联合起来进行调试,从中发现硬件故障或软件、硬件设计错误。

系统联调主要解决以下问题:

1) 软件、硬件是否按设计的要求配合工作。

2) 系统运行时是否有潜在的设计时难以预料的错误。

3) 系统的动态性能指标(包括精度、速度等参数)是否满足设计要求。

5. 设计报告编制

(1) 报告内容。

1) 封面。

2) 目录。

3) 摘要。

4) 正文。

5) 参考文献。

6) 附录。

(2) 格式要求。

1.2.3　开发模式

单片机系统开发,根据使用的开发工具不同可分为 3 种开发模式。

1. PC＋仿真器＋单片机应用系统板

可在线仿真、调试，开发效率高。但开发工具较昂贵，且仿真器通用性较差。

2. PC＋通用编程器＋单片机应用系统板

较廉价的开发模式，编程器价格较便宜，且通用性强，但开发效率低。

3. PC＋在线下载调试＋单片机（含在线调试功能）应用系统板

可在线仿真、调试，开发效率高，同样也便于产品的后续升级。但含 ISP 功能的芯片价格较贵，会增加单片机应用系统板的成本，适用于后续需要不断升级的产品。

项 目 1 小 结

本项目主要从交通灯出现的背景中，提出交通灯项目的功能要求，并详细介绍了单片机系统开发的整个流程。

习　　题

1. 绘制交通灯系统的组成框图。
2. 简单叙述单片机系统开发的流程及注意事项。

项目2 认识单片机

【学习目标】

1. 专业能力目标：能根据硬件电路性能要求，正确选择元器件；能初步阅读单片机应用技术类英文资料。

2. 方法能力目标：掌握单片机的结构、工作方式。

3. 社会能力目标：培养认真做事、细心做事的态度。

【项目导航】

本项目主要以交通灯系统为项目载体，介绍 MCS-51 单片机的结构、工作方式等。

任务 2.1 单片机的认知

【任务导航】

以交通灯项目为载体，介绍单片机的作用、种类、组成等。

2.1.1 什么是单片机

单片机是微型计算机的一个重要分支。它使计算机从海量数值计算进入智能控制领域，并由此开创了工业控制的新局面。从此，计算机技术在两个重要的领域——通用计算机领域和微控制器领域比翼齐飞，并逐渐融入人们的日常生活。

那么什么是单片机呢？如果将运算器、控制器、存储器和各种输入/输出接口等计算机的主要部件集成在一块芯片上，就能得到一个单芯片的微型计算机，它虽然只是一个芯片，但在组成和功能上已经具有了计算机系统的特点，因此称之为单片微型计算机（single-chip Microcomputer），简称单片机。

单片机在外观上与常见的集成电路块一样，体积很小，多为黑色长条状，条状左右两侧各有一排金属引脚，可与外电路连接，如图 2.1 所示。

图 2.1 AT89C51 单片机外观

单片机体积虽小，但"五脏俱全"，其内部结构与普通计算机结构类似，也是由中央处理器（CPU）、存储器和输入/输出（I/O）三大基本部分构成。实际就是把一台普通计算机经过简化，浓缩在一小片芯片内，形成了芯片级的计算机（single-chip Microcomputer），即单芯片微型计算机，简称单片机。

2.1.2 单片机的用途

单片机的应用十分广泛,在工业控制领域、家电产品、智能化仪器仪表、计算机外部设备,特别是机电一体化产品中,都有重要的用途。其主要的用途可以分为以下方面。

(1) 显示:通过单片机控制发光二极管或是液晶,显示特定的图形和字符。

(2) 机电控制:用单片机控制机电产品做定时或定向的动作。

(3) 检测:通过单片机和传感器的联合使用,用来检测产品或者工况的意外发生。

(4) 通信:通过 RS-232 串行通信或者是 USB 通信,传输数据和信号。

(5) 科学计算:用来实现简单的算法。

2.1.3 单片机的组成

单片机一般主要由中央处理器(CPU)、存储器、定时/计数器和 I/O 接口及串行通信接口等组成。

中央处理器包括运算器、控制器和寄存器 3 个主要部分,是单片机的核心。

存储器按工作方式可以分为两大类:随机存储器 RAM 和只读存储器 ROM。RAM 可被 CPU 随机地读写,断电后存储的内容消失;ROM 中的信息只能被读取,一般用于存放固定的程序。ROM 中的内容只能用编程器专用设备写入。

定时/计数器既可以进行定时,也可以对外部的脉冲进行计数。

输入/输出接口(I/O 接口)是单片机的重要组成部分。程序、数据以及现场信息需要通过输入设备送到单片机,计算结果需要通过输出设备输出到外设。常用的输入有键盘、A/D 等,输出设备一般有 LED、电机等。

串行通信接口主要用于远距离的数据通信。

2.1.4 MCS-51 系列单片机型号

MCS-51 是指美国 Intel 公司生产的一种系列单片机总称,这一系列单片机包括了多个种类,如 8031、8051、8751、8032、8052、8752 等,其中 8051 是最早、最典型的产品,该系列其他单片机都是在 8051 的基础上进行功能的增、减变化而来的,所以人们习惯于用 8051 来称呼 MCS-51 系列单片机。Intel 公司将 MCS-51 的核心技术授权给了很多其他公司,所以有很多公司在开发以 8051 为核心的单片机。

常用 MCS-51 系列单片机型号见表 2.1。

表 2.1　　　　　　　　　　常用 MCS-51 系列单片机型号

公　司	型　号	公　司	型　号
Intel	8051	Siemens	SAB80512
	80C51GA		SAB80515
	8052	AMD	80C525/325
ATMEL	89C2051		80C515/535
	89C51	Philips/Signetics	83C552
	89LV51		83C752
Silicon Labs	C8051F98x	宏晶科技	STC89C51
	C8051F02x		STC12C2052
	C8051F8xx		STC15F204

80C51 是标准的 40 引脚双列直插式集成电路芯片，引脚排列如图 2.2 所示。

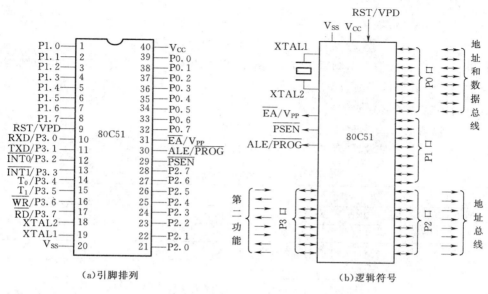

(a)引脚排列　　　　　　　　　　(b)逻辑符号

图 2.2　80C51 单片机芯片引脚

1. 信号引脚介绍

（1）输入/输出口线。

P0.0～P0.7：P0 口 8 位双向口线。

P1.0～P1.7：P1 口 8 位双向口线。

P2.0～P2.7：P2 口 8 位双向口线。

P3.0～P3.7：P3 口 8 位双向口线。

（2）ALE——地址锁存控制信号功能。

1）在系统扩展时，ALE 用于控制把 P0 口输出的低 8 位地址送入锁存器锁存起来，以实现低位地址和数据的分时传送。

2）ALE 是以 1/6 晶振频率的固定频率输出的正脉冲，可作为外部时钟或外部定时脉冲使用。

（3）$\overline{\text{PSEN}}$——外部程序存储器读选通信号。在读外部 ROM 时/PSEN 有效（低电平），以实现外部 ROM 单元的读操作。

（4）$\overline{\text{EA}}$——访问程序存储器控制信号。

1）当$\overline{\text{EA}}$信号为低电平时，对 ROM 的读操作限定在外部程序存储器。

2）当$\overline{\text{EA}}$信号为高电平时，对 ROM 的读操作是从内部程序存储器开始，并可延续至外部程序存储器。

（5）RST——复位信号。当输入的复位信号延续 2 个机器周期以上高电平时即为有效，用以完成单片机的复位操作。

（6）XTAL1 和 XTAL2 外接晶体引线端。

1）当使用芯片内部时钟时，此二引线端用于外接石英晶体和微调电容。

2）当使用外部时钟时，用于接外部时钟脉冲信号。

（7）V_{SS} 地线。

（8）V_{CC} ＋5V 电源。

2. 信号引脚的第二功能

"复用"即给一些信号引脚赋予双重功能。第二功能信号定义主要集中在 P3 口线中，另外再加上几个其他信号线。

常见的第二功能信号如下：

（1）P3 口线的第二功能。

P3 口 8 条口线都定义有第二功能，见表 2.2。

表 2.2　　　　　　　　　　　　　　　　　　P3 口线的第二功能

口　　线	功　　能	功　能　说　明
P3.0	RXD	串行数据接收
P3.1	TXD	串行数据发送
P3.2	$\overline{INT0}$	外部中断 0 输入
P3.3	$\overline{INT1}$	外部中断 1 输入
P3.4	T0	定时器/计数器 0 外部事件脉冲输入端
P3.5	T1	定时器/计数器 1 外部事件脉冲输入端
P3.6	$\overline{WR}$	外部数据存储器写脉冲
P3.7	$\overline{RD}$	外部数据存储器读脉冲

（2）EPROM 存储器程序固化所需要的信号。

a. 编程脉冲：30 脚（ALE/PROG）。

b. 编程电压（25V）：31 脚（EA/V_{PP}）。

（3）备用电源引入。

备用电源是通过 9 脚（RST/VPD）引入的。当电源发生故障，电压降低到下限值时，备用电源经此端向内部 RAM 提供电压，以保护内部 RAM 中的信息不丢失。

说明：①第一功能信号与第二功能信号是单片机在不同工作方式下的信号，因此不会发生使用上的矛盾；②P3 口线先按需要优先选用它的第二功能，剩下不用的才作为 I/O 口线使用。

任务 2.2　MCS－51 单片机的结构

【任务导航】

以交通灯项目为载体，介绍单片机的结构、工作方式等。

根据冯·诺依曼的理论架构，计算机包括五大部分，即运算器，控制器，存储设备及输入、输出设备。

运算器和控制器是最核心的部分，通常做在一个器件上，称作 CPU（Center Processing Unit）。CPU 和内存储器一起组成主机部分，除去主机以外的硬件装置（如输入设备、输出设备、外存储器等）称为外围设备或外部设备。五大部件之间是通过三大"总线"

（Bus）连接实现信息交换的。

2.2.1　单片机的微处理器结构

单片机的内部结构如图 2.3 所示，由图可知，单片机内主要由振荡电路、中央处理器、内部总线、程序存储器、数据存储器、定时器/计数器、串行口、中断系统和 I/O 口等模块组成，各部分通过内部总线紧密地联系在一起。

（1）运算器：包括算术逻辑部件 ALU、布尔处理器、累加器 ACC、B 寄存器、两个暂存器和 BCD 码调整电路等组成。其作用主要包括：

1）加、减、乘、除算术运算。

2）增量（加 1）、减量（减 1）运算。

3）十进制数调整。

4）位置 1、清 0 和取反。

5）与、或、异或等逻辑操作。

6）数据传送操作。

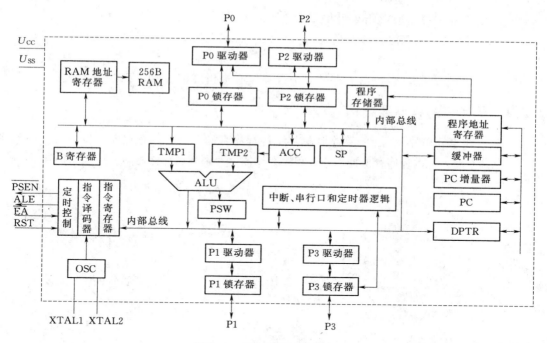

图 2.3　单片机微处理器结构

（2）布尔处理器：布尔处理器是 CPU 中的一个重要组成部分，它有相应的指令系统，硬件上有自己的累加器（C）和自己的位寻址 RAM 以及 I/O 空间。

（3）控制器：包括时钟电路、复位电路、定时控制逻辑、指令寄存器、指令译码器、程序指针 PC、数据指针 DPTR、堆栈指针 SP 和程序状态字 PSW 等。其作用主要包括：

1）控制单片机内部各单元的协调工作。

2）协调单片机与外围芯片或设备的工作。

其中，程序指针 PC 的内容永远指向 CPU 正在执行指令的下一条指令在程序存储器中的单元位置。

程序状态寄存器 PSW，它的内容反映 CPU 对数据处理的一些状态结果和对工作寄存器区的选择标志位。

CY	AC	F0	RS1	RS0	OV	—	P

程序状态字寄存器各位的含义如下。

P：奇偶标志位。当累加器 ACC 中的处理结果数据中有奇数个"1"时为 1，否则为 0。

OV：溢出标志位。当 CPU 对数据处理结果发生溢出时，该位为 1，否则为 0。

RS1、RS0：工作寄存器区选择位。

当（RS1RS0）＝00 时，第 0 工作寄存器区为当前区。

当（RS1RS0）＝01 时，第 1 工作寄存器区为当前区。

当（RS1RS0）＝10 时，第 2 工作寄存器区为当前区。

当（RS1RS0）＝11 时，第 3 工作寄存器区为当前区。

F0：用户标志位。通过指令可将其置 1 或清 0。

AC：辅助进位标志位。数据处理过程中低 4 位向高 4 位有进位或借位时，该位为 1，否则为 0。

CY：进位标志位，当数据处理过程中最高位有进位或借位时，该位为 1，否则为 0。

2.2.2 单片机的存储器结构

MCS－51 系列单片机内部有两个存储器：即程序存储器和数据存储器。在物理结构上共有 4 个存储空间：片内程序存储器、片外程序存储器、片内数据存储器和片外数据存储器。

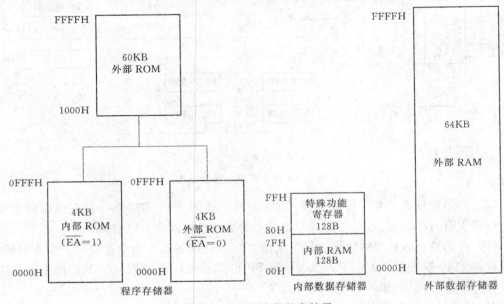

图 2.4 单片机内部的存储器

80C51 单片机的存储器结构如图 2.4 所示。

1. 程序存储器

程序存储器主要用于存储程序，其最大特点是电源关掉后，所存储的程序不会消失。80C51 程序存储器在片内有 4KB，使用片内存储器时要将单片机 EA（第 31 引脚）接高电平，即接到电源＋5V。如果片内容量不够时，可在片外安装存储芯片扩展 60KB，如图 2.5 所示，使程序存储器（片内加片外）达到 64KB。

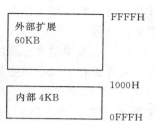

图 2.5　程序存储器配置

程序存储器是十六位的，用 4 位十六进制数来表示地址。其中片内 4KB 的地址范围是 0000H～0FFFH，片外 60KB 的地址范围是 1000H～FFFFH。

2. 数据存储器

数据存储器是程序运行中暂时存放数据的地方，也称为寄存器。其特点是存储内容会随着电源的关闭而消失，像计算机中的内存一样。

数据存储器是 8 位存储器，一个单元是一个字节，80C51 内部有 256 字节，地址范围用十六进制数可表示为 00H～FFH。

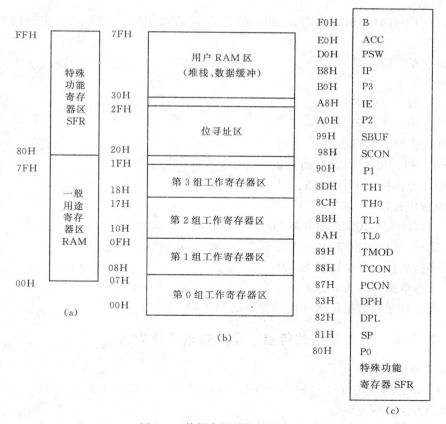

图 2.6　数据存储器配置示意图

图 2.6 为片内数据存储器的配置示意图。可分两部分，其中，低 128 字节（00H～7FH）为一般用途寄存器区，如图 2.6（a）所示；高 128 字节（80H～FFH）为特殊功能寄存器区。

（1）一般用途寄存器区。一般用途寄存器区 RAM 的容量为 128 字节，根据用途可划分为工作寄存器区、位寻址区和用户 RAM 区，如图 2.6（b）所示。

1）工作寄存器区。在低 128 字节中，00H～1FH 共 32 个单元（字节）是工作寄存器区，又分为 4 组，每组由 8 个单元组成，分别用 R0～R7 作为这 8 个单元的寄存器名。

在单片机复位后，选中的是第 0 组工作寄存器。每组寄存器均可选作 CPU 当前工作寄存器，可以通过 PSW 状态字中 RS1、RS0 的设置来改变 CPU 当前使用的工作寄存器。

2）位寻址区。低 128 字节中的 20H～2FH 共 16 个单元是位存储区，可用位寻址方式访问其各位。

3）用户 RAM 区。低 128 字节中的 30H～7FH 共 80 个单元是用户 RAM 区，用作堆栈或数据缓冲。

（2）特殊功能寄存器区。特殊功能寄存器，简称 SFR。它在单片机中扮演着非常重要的角色，使用输入/输出、中断、串行口、定时/计数等功能，都必须先设置 SFR 中的各相关寄存器。

特殊功能寄存器的地址范围为 80H～FFH，如图 2.6（c）所示，其中包括如下的寄存器。

1）累加器 ACC（A）。

2）B 寄存器。

3）程序状态字组 PSW。

4）数据指针寄存器 DPTR。

5）堆栈指针寄存器 SP。

6）P0、P1、P2、P3 端口寄存器。

7）中断允许控制寄存器 IE。

8）中断优先权 IP 寄存器。

9）定时/计数模式寄存器 TMOD。

10）定时/计数器控制/状态寄存器 TCON。

11）串行通信控制寄存器 SCON。

12）串行数据寄存器 SBUF。

13）电源控制及数据传输率选择寄存器 PCON。

2.2.3　单片机基本 I/O 口的特点、单片机的工作方式

1. 单片机 I/O 口

MCS - 51 单片机有 4 个双向 8 位并行 I/O 口：P0、P1、P2 和 P3，每一个 I/O 口的结构和使用方法有所不同。

P0 口是开漏输出型电路，内部没有上拉电阻，而 P1、P2 和 P3 口内部有上拉电阻，

因此在作为一般 I/O 口使用时，P0 口需外接 $10\text{k}\Omega$ 左右的上拉电阻，而 P1、P2 和 P3 口可不接上拉电阻。由于它们都是准双向口，所以在进行输入/输出操作时必须注意：输出操作直接写端口，而进行输入操作前，必须先将口锁存器置为 1，否则只能输入端口寄存器的状态，而不能输入引脚上的信号。在驱动能力方面，P0 口能驱动 8 个标准的 TTL 电路，而 P1、P2 和 P3 口的驱动能力是 4 个标准的 TTL 电路。

除作为一般 I/O 口使用外，P0 口可作为地址/数据总线使用，这种情况可以不接上拉电阻，它分时传送低 8 位地址和数据信号；P1 口只能作为一般 I/O 口；P2 口可作为地址总线，提供高 8 位地址。

I/O 口的内部结构分析：

（1）P0 口：如图 2.7 所示。

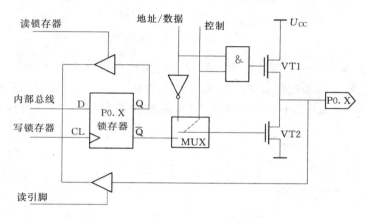

图 2.7　P0 结构示意图

P0 由一个锁存器、两个三态输入缓冲器以及控制电路和驱动电路组成。

在访问外部存储器时，P0 口是一个真正的双向口，当 P0 口输出地址/数据信息时，控制信号为"1"，使模拟开关 MUX 把地址/数据信息经反相器和 VT2 接通，同时打开与门，输出的地址/数据信息既通过与门去驱动 VT1，又通过反相器去驱动 VT2，使得两个 FET 管构成推拉输出电路。若地址/数据信息为"0"，则该信号使得 VT1 截止，使得 VT2 导通，从而引脚上输出相应的"0"信号。若地址/数据信息为"1"则 VT1 导通，VT2 截止，引脚上输出"1"信号。若由 P0 口输出数据，则输入信号从引脚通过输入缓冲器进入内部总线。

1）当 P0 口当做通用 I/O 口使用时，CPU 内部发控制信号"0"封锁与门，使得 VT1 截止，同时使模拟开关把锁存器的 $\overline{Q}$ 端与 VT2 的栅极接通。在 P0 作为输出口时，由于 $\overline{Q}$ 端和 VT2 的倒相作用，内部总线上的信号与到达 P0 口上的信息是同相位的，只要写脉冲加到锁存器的 CL 端，内部总线上的信息就送到了 P0 的引脚上。由于此时 VT2 为漏极开路输出，故需要接外部的上拉电阻。

2）当 P0 口作输入口时，由于该信号既加到 VT2 上又加到左下方的三态缓冲器上，假如此前该口曾经输出锁存过数据"0"，则 VT2 是导通的，于是，引脚上的电位就被 VT2 钳位在"0"电平上，使得输入的"1"无法输入。所以，P0 是一个准双向口，在输入数据前，应该向 P0 口写"1"。

（2）P1 口：如图 2.8 所示。

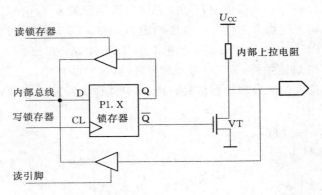

图 2.8　P1 结构示意图

P1 口通常是作为通用 I/O 口使用，所以在电路结构设计上与 P0 有不同之处。P1 口上有内部上拉电阻，与场效应管共同组成输出驱动电路。所以，在 P1 口作输出时，无须接上拉电阻。当 P1 口作为输入使用时，同样需要向锁存器写"1"的操作使得 FET 管 VT 截止。

（3）P2 口：如图 2.9 所示。

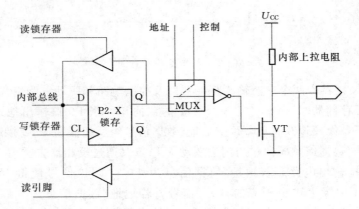

图 2.9　P2 结构示意图

P2 口也是准双向口，其结构与 P0 口类似，当系统中有片外存储器时，P2 口用于高 8 位地址输出。此时，MUX 接通到地址信号端。P2 口作通用输入/输出口使用时，MUX 接通到锁存器，使需要输出的数据送到 P2 的引脚上。同样，P2 口作为输入时，需要往锁存器上写"1"的操作。

（4）P3 口：如图 2.10 所示。

P3 口的特点在于，增加了第二功能的控制逻辑。因此，P3 口除了当通用 I/O 口使用外，还可以具有第二功能的作用。

当作为 I/O 口使用时，第二功能信号线保持高电平，与非门导通，从锁存器输出的

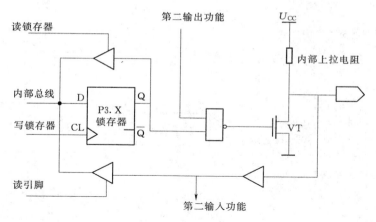

图 2.10　P3 结构示意图

数据信号可以正常输出到引脚上。当要输出第二功能信号时，锁存器上置"1"，使得与非门输出时由第二功能的信号来决定的，实现第二功能信号的输出。

2. 单片机工作方式

MCS-51 单片机的工作方式有复位方式、程序执行方式、掉电和低功耗方式、编程方式、校验与加密方式等。下面仅对掉电和低功耗方式做简单介绍。

MCS-51 系列的 CHMOS 型单片机运行时功耗低，而且还提供两种节电工作方式：待机方式和掉电方式，以进一步降低功耗，它们特别适用于电源功耗要求很低的应用场合。这类应用系统往往是直流供电或停电时依靠备用电源供电，以维持系统的持续工作。CHMOS 型单片机的工作电源和后备电源加在同一个引脚 U_{CC}，正常工作时电流为 $11\sim 20mA$，空闲状态时为 $1.7\sim 5mA$，掉电状态时为 $5\sim 50\mu A$。空闲方式和掉电方式的内部控制电路如图 2.11 所示。在空闲方式中，振荡器保持工作，时钟脉冲继续输出到中断、串行口、定时器等功能部件，使它们继续工作，但时钟脉冲不再送到 CPU，因而 CPU 停止工作。在掉电方式中，振荡器工作停止，单片机内部所有的功能部件停止工作。

CHMOS 型单片机的节电方式是由特殊功能寄存器 PCON 控制的。PCON 的格式如下：

SMOD	PCON.6	PCON.5	PCON.4	GF1	GF0	PD	IDL

特殊功能寄存器各位的含义如下：

SMOD：串口波特率倍率控制位。

GF1：通用标志位。

GF0：通用标志位。

PD：掉电方式控制位。置 1 后使单片机进入掉电方式。

IDL：空闲方式控制位。置 1 后使单片机进入空闲方式。

PCON.4～PCON.6：保留位。对于 HMOS 型单片机仅 SMOD 位有效；对于 CHMOS 型单片机，当 IDL 和 PD 同时为 1 时，单片机进入掉电方式。

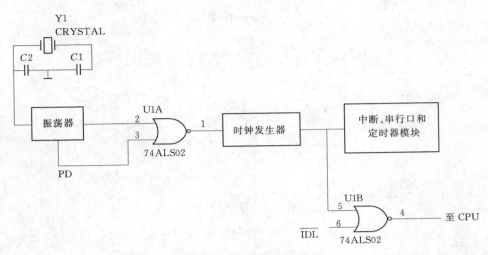

图 2.11　待机方式和掉电方式控制电路图

（1）待机方式。利用软件置 IDL 位为 1，单片机就进入待机工作方式。当单片机进入待机方式后，振荡器仍然工作，并提供给中断逻辑、串行口和定时器/计数器等，而不提供给 CPU，因此 CPU 不能工作。堆栈指针 SP、程序计数器 PC、程序状态字 PSW、累加器 ACC、内部数据存储器 RAM 和其他特殊功能寄存器内部维持不变，引脚状态保持进入空闲方式时的状态，ALE 和 PSEN 保持逻辑高电平。

单片机进入空闲方式后，有两种方法可以使单片机退出待机工作状态。

1）利用中断退出待机工作状态，即在空闲节电状态产生一个有效的中断请求，由内部电路对 IDL 进行清"0"，中止空闲方式，CPU 响应中断，执行相应的中断服务程序，中断处理结束后，从激活待机方式指令的下一条指令开始继续执行程序。

2）硬件复位退出待机工作状态，即在待机状态对单片机实现有效的复位操作，从而使单片机进行初始化退出待机状态。

（2）掉电方式。利用软件置 PD 位为 1，单片机就进入掉电工作方式。在掉电工作方式下，CPU、中断、定时器/计数器、串行口等都停止工作。

一旦单片机进入掉电工作状态，唯一使单片机退出掉电方式的方法是硬件复位。单片机复位后对 PD 位进行初始化，将其清"0"，同时特殊功能寄存器的内容也被初始化，但 RAM 单元的内容保持不变。

在设计系统时，为了尽可能地降低系统的功耗，以延长电池的使用寿命。一方面系统中尽可能选用 CMOS 器件，另一方面在不影响系统性能的前提下降低时钟频率，还有就是充分利用 CHMOS 型单片机的节电工作方式。

项 目 2 小 结

本项目要求掌握 MCS-51 单片机的基本概念，了解单片机的用途，能区分不同型号的单片机芯片，掌握单片机的处理器与存储器结构，掌握单片机 I/O 口的特性，了解单片机的工作方式。

习　题

1. 什么是单片机？举例说明单片机的用途。

2. 请上网搜索 AVR、PIC、MSP430、凌阳等不同型号单片机芯片，了解它们的特性。

3. MCS-51 单片机中 ALE 信号有什么作用？

4. MCS-51 单片机中内部 RAM 可划分为几个区域？各个区域的特点是什么？

5. MCS-51 单片机的特殊功能寄存器有哪些？它们的功能是什么？

6. P0 口作普通 I/O 口用时，应注意什么？

7. 简述程序状态寄存器 PSW 中各位的含义。

8. 程序计数器 PC 是多少位？单片机复位后其初始值为多少？其值说明了什么？

9. P0~P3 口各有哪些功能？

10. 简述 MCS-51 单片机如何进入节电工作方式。

项目 3　交 通 灯 硬 件 设 计

【学习目标】

1. 专业能力目标：能根据设计要求设计产品的硬件电路；能根据工艺要求设计和制作 PCB 板，并安装和焊接元器件。

2. 方法能力目标：掌握单片机系统开发的方法；掌握根据产品设计的需要选择程序设计语言及方法。

3. 社会能力目标：培养团队协作精神；具有自主学习新技能的能力，责任心强，能顺利完成工作岗位任务。

【项目导航】

本项目主要以交通灯系统为项目载体，介绍交通灯系统原理图与 PCB 图的设计与制作。

任务 3.1　交通灯原理图与 PCB 设计

【任务导航】

以交通灯项目为载体，介绍交通灯系统电路设计方法。

3.1.1　最小系统原理图设计

在项目 2 的学习中已经认识了什么是单片机，那就是把 CPU、存储器、定时/计数器和基本 I/O 接口电路集成在一块大规模芯片上的微型计算机称为单片微型计算机，简称单片机。

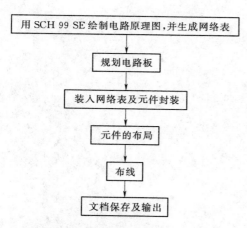

图 3.1　最小系统设计流程

因此，一块芯片就构成了一台计算机。可能有人会提出疑问，由一块芯片构成的计算机有什么用吗？确实没有任何用处，必须将单片机与其他的电路一起构成系统，才能体现出它的作用。那么，能使单片机工作的，由最少的电路构成的系统，称为单片机最小系统。对 51 系列单片机来说，单片机＋晶振电路＋复位电路，便组成了一个最小系统。下面学习单片机最小系统的设计。

（1）用绘图软件设计最小系统的 PCB 图。PCB 图的设计流程一般由图 3.1 所示的 6 个步骤完成。

（2）对"单片机最小系统"电路原理图中的元器件进行整理，并列成表格，见表 3.1。

（3）按图 3.1 所示的最小系统设计流程设计出最小系统电路原理图，如图 3.2 所示。为了使最小系统与其他外围电路连接方便，设计时各 I/O 口输出信号引脚均设计插针连接。

（4）最小系统 PCB 如图 3.3 所示。注意：时钟电路的晶振要尽量靠近单片机芯片。

（5）制作电路板并焊接元件、调试。

表 3.1　　　　"单片机最小系统"电路原理图所用元器件表

元件在图中标号	元件图形样本名	所在元件库	元件类型或标示值	元件封装
C2～C6	CAP RES2	Miscellaneous Devices. lib	$0.1\mu F$	RAD0. 1
R2、R3	RES2	Miscellaneous Devices. lib	$1k\Omega$	AXIAL0. 4
R4	CON9	Miscellaneous Devices. lib	$8\times10k\Omega$	SSIP9
R1、R5	RES2	Miscellaneous Devices. lib	$10k\Omega$	AXIAL0. 4
C7、C8	CAP	Miscellaneous Devices. lib	30pF	RAD0. 1
C1	CAPACITOR POL	Miscellaneous Devices. lib	$10\mu F$	RB. 2/RB. 4
Y1	CRYSTAL	Miscellaneous Devices. lib	11.0592MHz	XTAL1
J3、J4	CON2	Miscellaneous Devices. lib		SIP2
U3	8051	Protel DOS Schematic Libraries. ddb	AT89S51	DIP40
U2			DB9	DB9RA/M
U1			MAX232ACPE	DIP16
J1			ISP	IDC10
J5～J8				SIP8

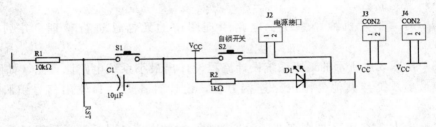

（a）电源与复位

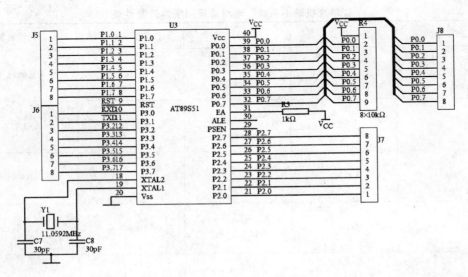

（b）最小系统

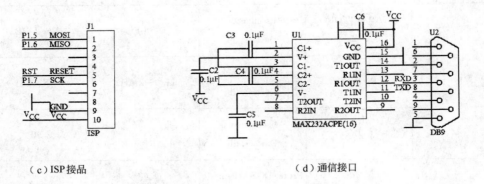

（c）ISP接品　　　　　　　　　　（d）通信接口

图 3.2　最小系统电路原理图

3.1.2　交通灯模块设计与制作

交通灯模块包含各个方向交通指示灯、数码管等，交通灯模块的制作步骤如下。

（1）对"交通灯模块"电路原理图中的元器件进行整理，并列成表格，见表3.2。

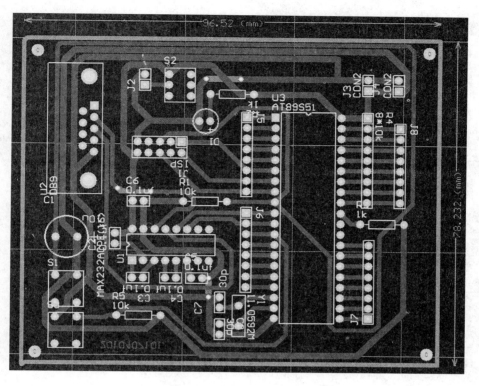

图 3.3　最小系统 PCB 图

表 3.2　　　　　　　　　　　　"交通灯模块"电路原理图所用元器件表

元件在图中标号	元件图形样本名	所在元件库	元件类型或标示值	元件封装
A1～A4		自建元件库		SMG
R10～R15	RES2	Miscellaneous Devices. lib	330	AXIAL0. 4
R1～R9	RES2	Miscellaneous Devices. lib	470	AXIAL0. 4
J4	CON2	Miscellaneous Devices. lib		SIP2
J2	CON4	Miscellaneous Devices. lib		SIP4
J3	CON6	Miscellaneous Devices. lib		SIP6
U1	74ls245	Miscellaneous Devices. lib		DIP20
VD1～VD12		Miscellaneous Devices. lib		LED

（2）交通灯模块原理图如图 3.4 所示。

23

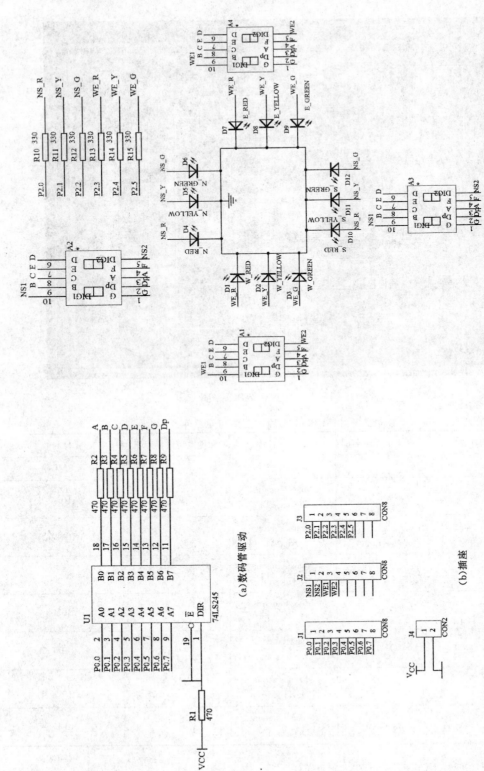

图 3.4 交通灯模块电路原理图

（3）交通灯模块 PCB 如图 3.5 所示。

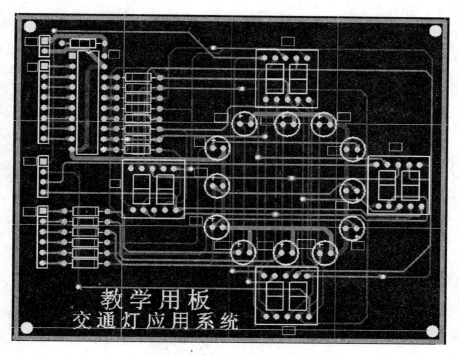

图 3.5　交通灯模块 PCB 图

（4）制作电路板并焊接元件、调试。

任务 3.2　交通灯硬件设计相关知识

【任务导航】

以交通灯项目为载体，介绍交通灯硬件设计知识。

3.2.1　振荡与时钟电路

时钟电路用于产生单片机工作所需要的时钟信号，单片机必须在时钟的驱动下才能进行工作。根据硬件电路的不同，MCS－51 单片机可以有两种时钟方式，即内部时钟方式和外部时钟方式。

1. 内部时钟方式

在 MCS－51 单片机内部有一个高增益反相放大器，反相放大器输入端为 XTAL1，输出端为 XTAL2，在 XTAL1 和 XTAL2 之间跨接石英晶体振荡器和两个微调电容就构成振荡器，这就是单片机的时钟电路，如图 3.6 所示。C1 和 C2 一般取 30pF 左右，时钟频率范围是 1.2～12MHz。晶体振荡频率高，则系统的时钟

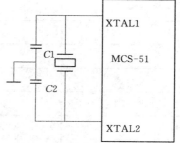

图 3.6　单片机内部振荡时钟电路

频率也高，单片机运行速度也就快。MCS-51单片机在通常应用情况下，使用振荡频率为 6MHz 或 12MHz。

2. 引入外部脉冲信号

在由多片单片机组成的系统中，为了单片机之间时钟信号的同步，应当引入唯一的公用脉冲信号作为各单片机的振荡脉冲。这时，外部的脉冲信号是经 XTAL2 引脚注入，如图 3.7 所示。

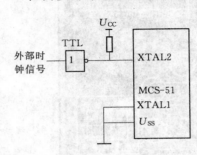

图 3.7　外部时钟电路

单片机内部是在统一的时钟信号控制下按时序进行工作的，单片机的基本操作周期称为机器周期。以下是几种周期的概念。

（1）时钟周期。单片机在工作时，由内部振荡器产生或由外部直接输入的送至内部控制逻辑单元的时钟信号的周期称为时钟周期。其大小是时钟信号频率的倒数。

（2）状态周期。一个状态周期 S 由两个时钟周期构成。

（3）机器周期。一个机器周期由 6 个状态周期或者说由 12 个时钟周期构成。

（4）指令周期。CPU 取出一条指令到该指令执行结束所需要的时间称为指令周期。

3. 复位电路

（1）复位电路的作用。单片机复位是使 CPU 和系统中的其他功能部件都处在一个确定的初始状态，并从这个初始状态开始工作。

单片机复位的条件是：当复位信号输入引脚 RST/V_{PP} 或 RST（9 脚）保持两个机器周期的高电平后，就可以完成复位操作。如若时钟频率为 12MHz，每机器周期为 $1\mu s$，则只需 $2\mu s$ 以上时间的高电平，在 RST 引脚出现高电平后的第二个机器周期执行复位。单片机复位后内部各单元的初始状态见表 3.3。

表 3.3　　　　　　　　　　　　复位后单片机内部各单元的初始状态

寄　存　器	初　始　状　态　值	寄　存　器	初　始　状　态　值
PC	0000H	TMOD	00H
ACC	00H	TCON	00H
B	00H	TH0	00H
PSW	00H	TL0	00H
SP	07H	TH1	00H
DPTR	0000H	TL1	00H
P0~P3	0FFH	SCON	00H
IP	XXX00000B	PCON	0XXX0000B
IE	0XX00000B	SBUF	不定

（2）复位电路设计。最常见的复位电路如图 3.8 所示。在通电瞬间，由于 RC 的充电过程，在 RST 引脚上出现一定宽度的正脉冲，只要该正脉冲保持大于两个机器周期，单片机就能正常复位。图中 S 为复位按钮，当系统发生错误时，可手动使单片机复位。

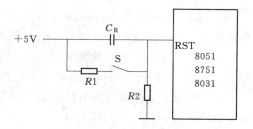

图 3.8　上电/手动复位电路

当采用 6MHz 时钟时，C_R 取 $22\mu F$，$R1$ 取 200Ω，$R2$ 取 $1k\Omega$，便能可靠地上电复位或手动复位。

3.2.2　PCB 制作流程

通常，PCB 制作流程一般包括制版、焊接和调试三个环节。

1. 制版

（1）万能板制作。万能板制作需要的工具比较简单，只需要烙铁、剪钳就可以完成。即依照布线图，通过导线的搭建，接着用烙铁焊接，然后用剪钳剪去引脚即可。这种方法的优点是制作比较简单、方便，不足之处就是，万能板焊盘太薄，容易因为焊接时间控制不当，受热过久出现焊盘剥离，不利于元器件更换及维修，另外焊接过程相对比较费心。

（2）敷铜板制作。敷铜板制作的工序一般为：PCB 图输出→电路板切割及抛光→图形转移→PCB 腐蚀→钻孔。

1）PCB 图输出。将 PCB 图设置为只显示电路导线及焊盘图形文件，如图 3.9 所示。

2）电路板切割抛光。根据打印图尺寸切割敷铜板，用砂纸抛光（即磨掉表面氧化层），为下个工序做准备。

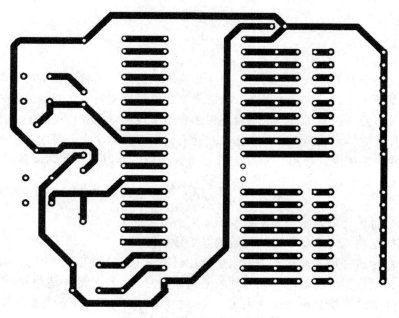

图 3.9　最小系统 PCB 菲林图

3）图形转移。本工序即是在高温的作用下将菲林图转移到已抛光的敷铜板上。提供温度的工具可以是熨斗（180℃左右且来回操作）或者是专业的图形转移设备。

4）PCB腐蚀。将已完全转移图形的敷铜板放到 $FeCl_3$（H_2O_2＋稀 HCl）溶液中，在温水或搅拌的情况下 10min 即可完全腐蚀完毕。

5）钻孔。用台钻将所有的焊盘孔贯通，完成该工序后，一块完整的 PCB 板就制作成功了。

2. 焊接

元件焊接一般按照"先小后大、从左至右、从上到下"的原则进行。

常规元件每个引脚的焊接时间一般为 3～5s 为宜，特别是万能板焊接更要注意，一般控制在 3s 左右；元件大、引脚粗的元件可适当增加焊锡及焊接时间。

被氧化过的引脚或焊盘要经过清洁才能焊接，否则容易虚焊导致工作不稳定。另外，元件引脚留 1.5～2mm 为宜。

3. 调试

（1）检查线路。

1）先用万用表等工具，按图纸仔细核对样机线路是否正确，并对元器件的安装、型号、规格等进行仔细检查，特别注意印制板加工和焊接时有无走线之间相互短路等。

2）检查有极性的元器件的极性是否安装正确。

（2）联机调试。

联机调试一般有两种方法。

1）用编程器将源程序（经测试没问题的）的文件载入单片机，将载有程序的芯片插入 IC 座，打开电源开关。

2）现在大部分单片机芯片都内置有在线下载功能。电路板通电后，将源程序的 HEX 文件载入即可。

项 目 3 小 结

本项目主要学习单片机最小系统、交通灯模块的组成，了解单片机时钟电路和复位电路的作用及设计方法，了解时钟周期、状态周期和机器周期三者之间的关系以及单片机复位后，内部各单元的初始状态。本项目还详细介绍了两种常用制作电路的方法，供读者选择，并将单片机简单系统的设计和制作实践融入到本课的教学中，要求学生在本课学习中完成单片机简单系统的设计和 PCB 的制作任务，为后续学习提供实训设备。

习 题

1. 什么是时钟周期、状态周期和机器周期？三者的关系是什么？

2. 单片机复位后内部各单元的初始状态是什么情况？

3. 一片单片机芯片有什么作用？能使单片机工作的最少的电路由什么构成？

4. 单片机最小系统所需电子元器件的采购和检测，列出元器件清单和性能指标。

5. 你制作的单片机最小系统能正常工作吗？不足在哪里？如何改进？

项目4 交通转向灯程序控制

【学习目标】

1. 专业能力目标：能根据系统性能要求编写程序；会使用仿真软件和相关开发工具。

2. 方法能力目标：掌握单片机系统开发的方法；掌握根据产品设计的需要选择程序设计语言及方法。

3. 社会能力目标：培养认真做事、细心做事的态度；培养团队协作精神。

【项目导航】

本项目主要以交通灯项目为载体，掌握单片机指令系统与I/O口应用。

任务4.1 交通转向灯驱动程序

【任务导航】

以交通灯项目为载体，介绍交通转向灯驱动方法。

4.1.1 交通转向灯程序

项目1交通灯功能的要求如下：

(1) 状态1，南北方向绿灯亮25s，红、黄灯灭；东西方向红灯亮30s，绿、黄灯灭。

(2) 状态2，南北方向黄灯亮5s，红、绿灯灭；东西方向仍然红灯。

(3) 状态3，南北方向红灯亮30s，绿、黄灯灭；东西方向绿灯亮25s，红、黄灯灭。

(4) 状态4，南北方向仍然红灯；东西方向黄灯亮5s，红、绿灯灭。

(5) 循环至状态1，如表4.1所示，继续。

(6) 紧急情况按下按键，使东西南北四个方向红灯亮，10s后再恢复按下按键前的状态。

(7) 用7段LED数码管显示通行或禁止的倒计时时间。

表4.1 交通灯的状态切换表

南 北 方 向		东 西 方 向	
序　号	状　态	序　号	状　态
1	绿灯亮25s，红、黄灯灭	1	红灯亮30s，绿、黄灯灭
2	黄灯亮5s，红、绿灯灭		
3	红灯亮30s，绿、黄灯灭	2	绿灯亮25s，红、黄灯灭
		3	黄灯亮5s，红、绿灯灭
回到状态1		回到状态1	

实现交通转向灯程序如下：

```
              ORG     0000H
              LJMP    MAIN
              ORG     0003H
              LJMP    INTT0
              ORG     000BH
              LJMP    INTT1
              ORG     0013H
              LJMP    INT2
              ORG     001BH
              LJMP    TT1
              ORG     1000H
MAIN:         MOV     SP,＃40H          ;初始化
              MOV     R6,＃100
              MOV     R1,＃00H
              MOV     TMOD,＃16H
              MOV     TH1,＃0D8H        ;中断初始化
              MOV     TL1,＃0F0H
              MOV     TH0,＃0FFH
              MOV     TL0,＃0FFH
              MOV     IE,＃8FH
              SETB    PX0
              SETB    IT0
              SETB    IT1
              MOV     20H,＃25
              MOV     21H,＃5
              MOV     22H,＃15
              MOV     23H,＃30
              MOV     24H,＃20
              SETB    TR0
              SETB    TR1
STAR:         MOV     30H,20H
              MOV     31H,23H
ST1:          MOV     P2,＃0CH          ;南北绿灯亮 25s,东西红灯亮 30s
ST11:         LCALL   DISP
              CJNE    R1,＃0FFH,ST11
              MOV     R1,＃00H
              DEC     30H
              DEC     31H
              MOV     A,30H
              CJNE    A,＃00H,ST1
```

```
              MOV     30H,21H              ;南北黄灯闪烁 5s
ST2：         MOV     P2,#02H
ST21：        LCALL   DISP
              CJNE    R1,#0FFH,ST21
              MOV     R1,#00H
              DEC     30H
              DEC     31H
              CPL     P2.1                 ;南北黄灯灭
              MOV     A,30H
              CJNE    A,#00H,ST21
              MOV     30H,24H
              MOV     31H,22H
ST3：         MOV     P2,#021H             ;东西绿灯亮 15s,南北红灯亮 20s
ST31：        LCALL   DISP
              CJNE    R1,#0FFH,ST31
              MOV     R1,#00H
              DEC     30H
              DEC     31H
              MOV     A,31H
              CJNE    A,#00H,ST3
              MOV     31H,21H              ;东西黄灯闪烁 5s
ST4：         MOV     P2,#010H             ;东西黄灯亮
ST41：        LCALL   DISP
              CJNE    R1,#0FFH,ST41
              MOV     R1,#00H
              DEC     30H
              DEC     31H
              CPL     P2.4                 ;东西黄灯灭
              MOV     A,31H
              CJNE    A,#00H,ST41
              LJMP    STAR                 ;程序返回开始状态,交通灯循环工作
TT1：         MOV     TH1,#0D8H            ;定时器 1 定时 10ms
              MOV     TL1,#0F0H
              DJNZ    R6,EXIT
              MOV     R6,#25
              MOV     R1,#0FFH
EXIT：        RETI
INTT0：       PUSH    ACC
              PUSH    PSW
              PUSH    30H
              PUSH    31H
              MOV     P1,#0F0H
```

```
INT01:      MOV     P2,#09H        ;紧急情况时东南西北四个方向全部亮红灯
            MOV     P0,#3FH        ;数码管显示00
            JB      P3.7,INT01     ;判断P3.7口是否为0,为0紧急情况结束
            POP     31H
            POP     30H
            POP     PSW
            POP     ACC
            RETI
INTT1:      PUSH    ACC            ;南北中断
            PUSH    PSW
            MOV     TH0,#0FFH
            MOV     TL0,#0FFH
            MOV     P2,#0F0H
INT11:      MOV     P2,#0CH        ;南北绿灯亮,东西红灯亮
            MOV     P0,#3FH        ;数码管显示00
            JB      P3.7,INT11     ;判断P3.7口是否为0,为0紧急情况结束
            POP     PSW            ;东西中断
            POP     ACC
            RETI
INT2:       PUSH    ACC
            PUSH    PSW
            MOV     P0,#0F0H
INT21:      MOV     P2,#021H       ;东西绿灯亮,南北红灯亮
            MOV     P0,#3FH        ;数码管显示00
            JB      P3.7,INT21     ;判断P3.7口是否为0,为0紧急情况结束
            POP     ACC
            POP     PSW
            RETI
DISP:       MOV     A,30H          ;数码管动态显示子程序
            MOV     B,#10
            DIV     AB
            MOV     60H,A          ;南北方向数码管的十位数
            MOV     61H,B          ;个位数
            MOV     A,31H
            MOV     B,#10
            DIV     AB
            MOV     62H,A          ;东西方向数码管的十位数
            MOV     63H,B          ;个位数
            MOV     R5,#0FEH
            MOV     R0,#60H
LLP:        MOV     A,@R0
            MOV     DPTR,#TABLE
```

```
                MOVC   A,@A+DPTR
                MOV    P0,A
                MOV    A,R5
                MOV    P1,A
                LCALL  DELAY1
                MOV    P1,#0FFH
                RL     A
                MOV    R5,A
                INC    R0
                JB     ACC.4,LLP          ;数码管动态循环显示
                RET
     DELAY1:    MOV    R4,#12
     DL2:       MOV    R7,#12
                DJNZ   R7,$
                DJNZ   R4,DL2
                RET
     TABLE:     DB     3FH
                DB     06H
                DB     5BH
                DB     4FH
                DB     66H
                DB     6DH
                DB     7DH
                DB     07H
                DB     7FH
                DB     6FH
                END
```

4.1.2　仿真编译软件使用

使用 Proteus 软件仿真交通转向灯。通过仿真，进一步掌握交通转向灯的硬件设计，同时也可以了解单片机编程、调试方法。

1. 用 Proteus 软件绘制交通转向灯电路图

打开 Proteus ISIS 编辑环境，添加器件 AT 89C51、CAP、CAP—ELEC、CRYSTAL、RES、BUTTON、 LED—RED、 LED—YELLOW、 LED—GREEN、 7SEG—MPX2—CC—BLUE、74LS245，按图 4.1 所示连接电路和设置元件参数。

2. 程序编译步骤和调试方法

(1) 单击 ISIS 菜单 "Source→Add/Remove Source Code Files..." 选项，弹出图 4.2 所示对话框。在 "Code Generation Tool" 下拉菜单选择代码生成工具 "ASEM51"。

若 "Source Code Filename" 下方框中没有所要的源程序文件，则单击 "New" 按钮，在对话框文件名框中输入新建源程序文件名 jtzxd. asm 后，单击 "打开" 按钮，在弹出的

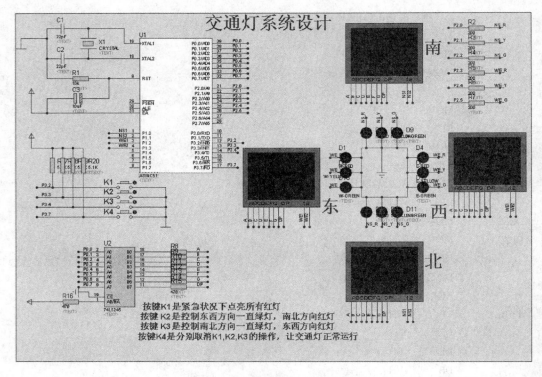

图 4.1　交通转向灯电路图

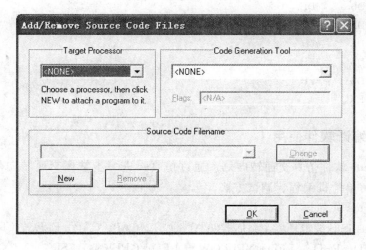

图 4.2　Add/Remove Source Code Files 对话框

小对话框中单击"是"按钮，新建的源程序文件就添加到"Source Code Filename"下方框中，同时在菜单 Source 中也出现源程序文件 jtzxd. asm，如图 4.3 所示。

（2）单击菜单"Source→jtzxd. asm"，编辑交通转向灯源程序，如图 4.4 所示。

编辑无误后，单击保存按钮存盘，文件名就是 jtzxd. asm。

（3）单击菜单"Source→Define Code Generation Tools"，设置代码产生工具，如图

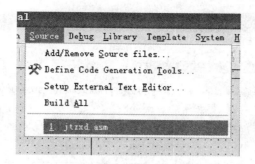

图 4.3　源程序文件加载到 ISIS

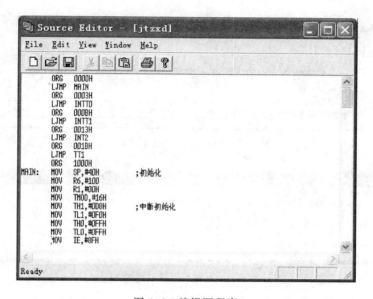

图 4.4　编辑源程序

4.5 所示。其中，Code Generation Tool（代码生成工具）设置为 ASEM51，在 Make Rules 中，Source Extn 设置为 ASM，Obj. Extn 设置为 HEX，Command Line 设置为 %1；在 Debug Data Extraction 中，List File Extn 设置为 LST。

（4）单击"Source→Build All"，编译生成目标代码，编译结果在弹出的编译日志对话框中如图 4.6 所示，无错则生成目标代码文件。对 ASEM51 系列及其兼容单片机而言，目标代码文件格式为 ∗. HEX。这里生成目标代码文件 jtzxd. HEX。若有错，则可根据编译日志提示来调试源程序，直至无错生成目标代码文件为止。

（5）在绘制的原理图中选中 AT85C51 并单击，打开"Edit Component"对话窗口，窗口中对 CPU 的属性设置如图 4.7 所示。

（6）单击 Proteus ISIS 界面左下角的单步仿真按钮，进入程序调试状态，并在"Debug"菜单中打开"8051 CPU Registers"、"8051 CPU Internal（IDATA）Memory"及"8051 CPU SFR Memory"三个观测窗口，按"F11"键，单步运行程序。在程序运行过程中，可以在这三个窗口中看到各寄存器及存储单元的动态变化，如图 4.8 所示。

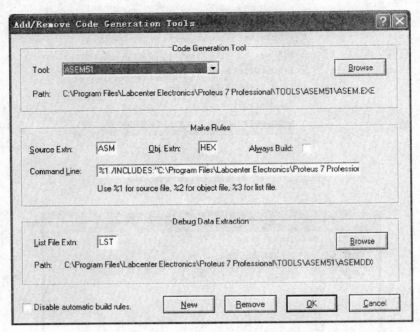

图 4.5 目标代码生成工具设置

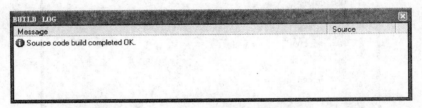

图 4.6 源程序编译日志窗口

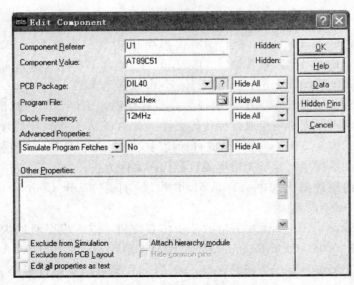

图 4.7 CPU 的属性设置

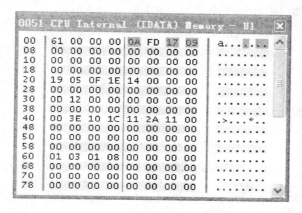

图 4.8　程序调试过程中各存储器的状态

任务 4.2　单片机指令系统

【任务导航】

以交通灯项目为载体，介绍单片机的指令系统。

4.2.1　指令系统概述

指令是 CPU 控制计算机进行某种操作的命令。指令系统则是全部指令的集合。

1. 指令的概念

（1）汇编语言指令。

定义：用助记符来表示的指令。

特点：不能被计算机硬件直接识别和执行，必须通过某种手段（汇编）把它变成机器码指令才能被机器执行。由于其和机器语言指令一一对应，因此编写的程序效率高，占用存储空间小，运行速度快，能编写出最优化的程序。

（2）汇编语言的语句格式。

MCS－51 汇编语言的语句格式表示如下：

〔＜标号＞〕:＜操作码＞〔＜操作数＞〕;〔＜注释＞〕

1）标号。标号是语句地址的标志符号，有关标号的规定如下。

标号是由 1～8 个 ASCII 字符组成，但头一个字符必须是字母，其余字符可以是字母、数字或其他特定字符。

不能使用本汇编语言已经定义了的符号作为标号，如指令助记符、伪指令记忆符以及寄存器的符号名称等。

同一标号在一个程序中只能定义一次，不能重复定义。

标号的有无取决于本程序中的其他语句是否需要访问这条语句。

2）操作码。操作码用于规定语句执行的操作内容，操作码是以指令助记符或伪指令助记符表示的，操作码是汇编指令格式中唯一不能空缺的部分。

3）操作数。操作数用于给指令的操作提供数据或地址。

4）注释。注释不属于语句的功能部分，它只是对语句的解释说明。

5）分界符（分隔符）。分界符用于把语句格式中的各部分隔开，以便于区分，包括空格、冒号、分号或逗号等多种符号。

a. 冒号（:）用于标号之后。

b. 空格（ ）用于操作码和操作数之间。

c. 逗号（,）用于操作数之间。

d. 分号（;）用于注释之前。

（3）指令的长度。在 MCS-51 指令系统中，有 1 字节、2 字节和 3 字节等不同长度的指令。

2. MCS-51 单片机的寻址方式

寻址就是如何指定操作数或其所在单元。根据指定方法的不同，MCS-51 单片机共有 7 种寻址方式，它们是寄存器寻址、直接寻址、寄存器间接寻址、立即寻址、变址寻址、相对寻址、位寻址。

（1）寄存器寻址方式。操作数存放在寄存器中，指令中直接给出该寄存器名称的寻址方式，可以获得较高的传送和运算速度。寄存器可以是：R0～R7；A；B（以 AB 两个寄存器成对形式出现）；DPTR0、DPTR1 等。

例如：若（R0）＝50H，指令"MOV A，R0"。

其功能是把 R0 中的"50H"转送到累加器 A 中，如图 4.9 所示。

寄存器寻址方式的寻址范围包括：

1）4 个寄存器组共 32 个通用寄存器。但在指令中只能使用当前寄存器组，因此在使用前常需要通过对 PSW 中 RS1、RS0 位的状态设置，来进行当前寄存器组的选择。

2）部分专用寄存器。例如累加器 A、B 寄存器对以及数据指针 DPTR 等。

（2）直接寻址方式。在指令中只是给出

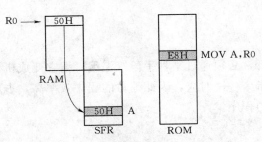

图 4.9　寄存器寻址方式示意图

源操作数的直接地址，即操作数本身存放在该地址所指示的存储单元中，此寻址方式称为直接寻址。

例如：若（30H）＝2BH，指令"MOV　A，30H"。

其功能是把 30H 地址中的操作数"2BH"转送到累加器 A 中，如图 4.10 所示。

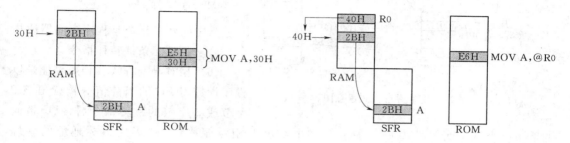

图 4.10　直接寻址方式示意图　　　　图 4.11　寄存器间接寻址方式示意图

直接寻址方式的寻址范围只限于内部 RAM 和特殊功能寄存器。

（3）寄存器间接寻址方式。以寄存器中的内容为地址，从该地址中取出操作数的寻址方式称为寄存器间接寻址。

例如：若（R0）＝40H，（40H）＝2BH，指令"MOV　A，@R0"。

其功能是把 R0 寄存器中的内容 40H 作为地址，把内部 RAM 40H 单元的操作数"2BH"转送到累加器 A 中，如图 4.11 所示。

寄存器间接寻址方式的寻址范围：

1）内部 RAM 单元。对内部 RAM 单元的间接寻址，应使用 R0 或 R1 作为间址寄存器，其通用形式为@Ri（i＝0 或 1）。

2）外部 RAM 单元。对外部 RAM 单元的间接寻址，应使用数据指针 DPTR 或 Ri 作为间址寄存器，其通用形式为@DPTR 或@Ri（i＝0 或 1）。

（4）立即寻址方式。指令编码中直接给出操作数的寻址方式称为立即寻址。采用立即寻址方式的指令，在立即数前面加上立即寻址符"＃"。

例如："MOV　A，＃30H"。

其功能是将 30H 赋给累加器 A，如图 4.12 所示。

（5）变址寻址方式。以一个基地址加上一个偏移量地址形成操作数地址的寻址方式称为变址寻址。在这种寻址方式中，以数据指针 DPTR 或程序计数器 PC 作为基址寄存器，累加器 A 作为偏移量寄存器，基址寄存器的内容与偏移量寄存器的内容之和作为操作数地址。这种寻址方式用于访问程序存储器中的数据表格。

例如：若（A）＝0FH，（DPH）＝24H，（DPL）＝00H，执行指令"MOVC　A，@A＋DPTR"。

其功能是把 DPTR 和 A 的内容相加

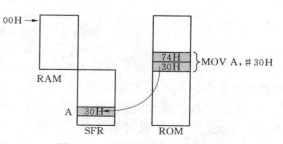

图 4.12　立即寻址方式示意图

得到的程序存储器中的地址单元的内容传送给累加器 A，如图 4.13 所示。

变址寻址的指令有 3 条：

MOVC A，@A+DPTR

MOVC A，@A+PC

JMP @A+DPTR

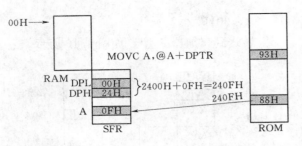

图 4.13 变址寻址方式示意图

其中前两条指令是程序存储器读指令，后一条是无条件转移指令。

（6）相对寻址方式。相对寻址是以程序计数器 PC 的当前值（指读出该 2 字节或 3 字节的跳转指令后，PC 指向的下条指令的地址）为基准，加上指令中给出的相对偏移量 rel 形成目标地址的寻址方式。

这里应当注意，PC 的当前值为该相对转移指令的下一条指令的地址，因此转移目的地址可用如下公式表示：

$$目的地址＝转移指令地址＋转移指令的字节数＋rel$$

相对偏移量 rel 是一个带符号的 8 位二进制补码数，范围为 $-128\sim+127$。

例如：设 SFR 的 PSW 寄存器中的进位 CY（PSW.7）=1，rel=75H，若 PC 中的值为 1000H，即在 ROM 地址单元的 1000H 处，执行指令“JC rel”（指令的机器编码为 4075H，1000H=40H 和 1001H=75H）。

其功能是当（CY）=1 时，程序转向 PC 当前值与 rel 之和的目标地址去执行，即

$$目标地址＝（1000H＋02H）＋75H＝1077H$$

当前 PC 值　　偏移量

相对寻址方式如图 4.14 所示。

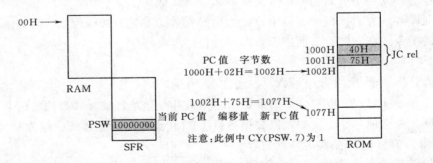

图 4.14 相对寻址方式示意图

（7）位寻址方式。对位地址中的内容进行操作的寻址方式称为位寻址方式。采用位寻址指令的操作数是 8 位二进制数中的某一位。指令中给出的是位地址。位寻址方式实质属于位的直接寻址。寻址空间为片内 RAM 的 20H～2FH 字节单元中的 128 个可寻址位，和具有位地址的 SFR 的可寻址位。习惯上，特殊功能寄存器的寻址位常用符号位地址表示。

例如："CLR　P2.2"。

P2口 | X | X | X | X | X | 0 | X | X |

↑———P2.2=0,其他位不变

其功能是把位地址为 P2.2 的位清 0，如图
4.15 所示。

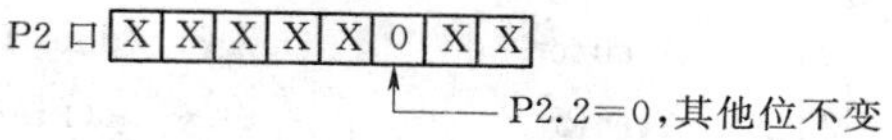

图 4.15　位寻址方式示意图

3. 指令格式中符号意义说明

在对指令的表述中，使用了以下常用的符号，这些符号意义如下。

（1）Rn——当前寄存器组的 8 个通用寄存器 R0～R7，所以 $n=0～7$。

（2）Ri——可用作间接寻址的寄存器，只能是 R0、R1 两个寄存器，所以 $i=0$、1。

（3）direct——8 位直接地址，在指令中表示直接寻址方式，寻址范围 256 个单元。
其值包括 0～127（内部 RAM 低 128 单元地址）和 128～255（专用寄存器的单元地址或
符号）。

（4）#data——8 位立即数。

（5）#data16——16 位立即数。

（6）addr16——16 位目的地址，只限于在 LCALL、LJMP 指令中使用。

（7）addr11——11 位目的地址，只限于在 ACALL 和 AJMP 指令中使用。

（8）rel——相对转移指令中的偏移量，为 8 位带符号补码数。

（9）DPTR——数据指针。

（10）bit——内部 RAM（包括专用寄存器）中的直接寻址位。

（11）A——累加器。ACC 直接寻址方式的累加器。

（12）B——寄存器 B。

（13）C——进位标志位，它是布尔处理机的累加器，也称之为累加位。

（14）@——间址寄存器的前级标志。

（15）/——加在位地址的前面，表示对该位状态取反。

（16）（X）——某寄存器或某单元的内容。

（17）（（X））——由 X 间接寻址单元中的内容。

（18）←——箭头左边的内容被箭头右边的内容所取代。

4.2.2　MCS－51 单片机指令系统介绍

MCS－51 单片机指令系统共有指令 111 条，分为五大类：数据传送类指令（29 条），
算术运算类指令（24 条），逻辑运算及移位类指令（24 条），控制转移类指令（17 条），
位操作类指令（17 条）。

1. 数据传送类指令

传送指令中有从右向左传送数据的约定，即指令的右边操作数为源操作数，表达的是
数据的来源；而左边操作数为目的操作数，表达的则是数据的去向。数据传送指令的特点
为：把源操作数传送到目的操作数，指令执行后，源操作数不改变，目的操作数修改为源
操作数。

（1）内部 RAM 数据传送指令。通用格式为：MOV＜目的操作数＞，＜源操作数＞

1）以累加器为目的操作数的指令。

MOV　A,Rn;A←　(Rn),(n=0～7)

```
MOV   A,direct;            A←  (direct)
MOV   A,@Ri               ;A←  ((Ri))  (i=0、1)
MOV   A,#data             ;A←  data
```

2）以寄存器 Rn 为目的操作的指令。

```
MOV   Rn,A                ;Rn←  (A),(n=0~7)
MOV   Rn,direct           ;Rn←  (direct),(n=0~7)
MOV   Rn,#data            ;Rn←  data,(n=0~7)
```

3）以直接地址为目的操作数的指令。

```
MOV   direct,A            ;direct←  (A)
MOV   direct,Rn           ;direct←  (Rn),(n=0~7)
MOV   direct1,direct2     ;direct1←  (direct2)
MOV   direct,@Ri          ;direct←  ((Ri)),(i=0、1)
MOV   direct,#data        ;direct←  data
```

4）以间接地址为目的操作数的指令。

```
MOV   @Ri,A               ;(Ri)←  (A)
MOV   @Ri,direct          ;(Ri)←  (direct)
MOV   @Ri,#data           ;(Ri)←  data
```

5）十六位数的传递指令。

```
MOV   DPTR,#data16
```

其功能是将一个 16 位的立即数送入 DPTR 中去，其中高 8 位送入 DPH，低 8 位送入 DPL。

【例 4.1】　将片内 RAM 的 15H 单元的内容 0A7H 送 55H 单元。

解法 1：MOV 55H,15H

解法 2：MOV R6,15H
　　　　MOV 55H,R6

解法 3：MOV R1,#15H
　　　　MOV 55H,@R1

解法 4：MOV A,15H
　　　　MOV 55H,A

（2）外部 RAM 数据传送指令。

```
MOVX  A,@Ri               ;A←  ((Ri))
MOVX  @Ri,A               ;(Ri)←  (A)
MOVX  A,@DPTR             ;A←  ((DPTR))
MOVX  @DPTR,A             ;(DPTR)←  (A)
```

要点分析：

1）在 MCS-51 中，与外部存储器 RAM 打交道的只可以是累加器 A，所有片外

RAM 数据传送必须通过累加器 A 进行。

2）要访问片外 RAM，必须要知道 RAM 单元的 16 位地址，在后两条指令中，地址是被直接放在 DPTR 中的。而前两条指令，由于 Ri（即 R0 或 R1）是一个 8 位的寄存器，所以只能访问片外 RAM 低 256 个单元，即 0000H～00FFH。

3）使用外部 RAM 数据传送指令时，应当首先将要读或写的地址送入 DPTR 或 Ri 中，然后再用读写命令。

【例 4.2】　将外部 RAM 中 0010H 单元中的内容送入外部 RAM 中 2000H 单元中。

程序如下：

```
MOV   R0,＃10H
MOVX  A,@R0
MOV   DPTR,＃2000H
MOVX  @DPTR,A
```

（3）程序存储器数据传送指令。指令介绍如下：

```
MOVC  A,@A＋DPTR        ;A← ((A)＋(DPTR))（远程查表指令）
MOVC  A,@A＋ PC         ;A← ((A)＋(PC))（近程查表指令）
```

要点分析：

1）这两条指令寻址范围为 64KB，指令首先执行 16 位无符号数的加法操作，获得基址与变址之和，"和"作为程序存储器的地址，该地址中的内容送入 A 中。

2）第二条指令与第一条指令相比，由于 PC 的内容不能通过数据传送指令来改变，而且随该指令在程序中的位置变化而变化，因此在使用时需对变址寄存器 A 进行修正。

以上两条 MOVC 是 64KB 存储空间内的查表指令，实现程序存储器到累加器的常数传送，每次传送一个字节。

【例 4.3】　在片内 20H 单元有一个 BCD 数，用查表法获得相应的 ASCII 码，并将其送入 21H 单元。

其子程序为：

```
（设当(20H)＝07H 时）
ORG     1000H;指明程序在 ROM 中存放始地址
1000H    BCD_ASC1： MOV  A,20H      ;A← (20H),(A)＝07H
1002H              ADD  A,＃3        ;累加器(A)＝(A)＋3,修正偏移量
1004H              MOVC  A,@A＋PC    ;┌PC 当前值 1005H
1005H              MOV  ·21H,A        ┤(A)＋(PC)＝0AH＋1005H＝100FH
1007H              RET                └(A)＝37H,A← ROM(100FH)
1008H    TAB：  DB  30H
1009H           DB  31H
100AH           DB  32H
100BH           DB  33H
100CH           DB  34H
```

100DH	DB	35H
100EH	DB	36H
100FH	DB	37H
1010H	DB	38H
1011H	DB	39H

一般在采用 PC 作基址寄存器时，常数表与 MOVC 指令放在一起，称为近程查表。当采用 DPTR 作基址寄存器时，TAB 可以放在 64KB 程序存储器空间的任何地址上，称为远程查表，不用考虑查表指令与表格之间的距离。

同上例用远程查表指令如下：

```
          ORG   1000H
BCD_ASC2: MOV   A,20H
          MOV   DPTR,#TAB      ;TAB 首址送 DPTR
          MOVC  A,@A+DPTR      ;查表
          MOV   21H,A
          RET
      TAB:同上例
```

（4）堆栈操作指令。

| 压入 | PUSH | direct | ;SP← (SP)+1,(SP)← (direct) |
| 弹出 | POP | direct | ;direct← ((SP)),SP← (SP)−1 |

要点分析：

堆栈操作的特点是"先进后出"，在使用时应注意指令顺序。

【例 4.4】 分析以下程序的运行结果：

```
MOV   R2,#05H
MOV   A,#01H
PUSH  ACC
PUSH  02H
POP   ACC
POP   02H
```

结果是（R2）＝01H，而（A）＝05H，也就是两者进行了数据交换。因此使用堆栈时，入栈的顺序和出栈的顺序必须相反，才能保证数据被送回原位，即恢复现场。

（5）数据交换指令。

1）字节交换指令。

XCH	A,Rn	;(A)⟷(Rn)
XCH	A,@Ri	;(A)⟷((Ri))
XCH	A,direct	;(A)⟷(direct)

2）半字节交换指令。

| XCHD | A,@Ri | ;$(A)_{0-3}$⟷$((Ri))_{0-3}$ |

3）累加器 A 高低半字节交换指令。

SWAP   A   ;$(A)_{0-3} \longleftrightarrow (A)_{4-7}$

数据交换主要是在内部 RAM 单元与累加器 A 之间进行。

【例 4.5】　将片内 RAM 60H 单元与 61H 单元的数据交换。

不能用：XCH   60H,61H

应该写成：MOV   A,60H

　　　　　XCH   A,61H

　　　　　MOV   60H,A

2. 算术运算类指令

（1）加法指令。

ADD   A,Rn   ;$A \leftarrow (A)+(Rn)$

ADD   A,direct   ;$A \leftarrow (A)+(direct)$

ADD   A,@Ri   ;$A \leftarrow (A)+((Ri))$

ADD   A,#data   ;$A \leftarrow (A)+data$

（2）带进位加法指令。

ADDC   A,Rn   ;$A \leftarrow (A)+(Rn)+(CY)$

ADDC   A,direct   ;$A \leftarrow (A)+(direct)+(CY)$

ADDC   A,@R   ;$A \leftarrow (A)+((Ri))+(CY)$

ADDC   A,#data   ;$A \leftarrow (A)+data+(CY)$

（3）带借位减法指令。

SUBB   A,Rn   ;$A \leftarrow (A)-(Rn)-(CY)$

SUBB   A,direct   ;$A \leftarrow (A)-(direct)-(CY)$

SUBB   A,@Ri   ;$A \leftarrow (A)-((Ri))-(CY)$

SUBB   A,#data   ;$A \leftarrow (A)-data-(CY)$

（4）加 1 指令。

INC   A   ;$A \leftarrow (A)+1$

INC   Rn   ;$Rn \leftarrow (Rn)+1$

INC   direct   ;$direct \leftarrow (direct)+1$

INC   @Ri   ;$(Ri) \leftarrow ((Ri))+1$

INC   DPTR   ;$DPTR \leftarrow (DPTR)+1$

（5）减 1 指令。

DEC   A   ;$A \leftarrow (A)-1$

DEC   direct   ;$direct \leftarrow (direct)-1$

DEC   @Ri   ;$(Ri) \leftarrow ((Ri))-1$

DEC   Rn   ;$Rn \leftarrow (Rn)-1$

（6）乘法、除法指令。

MUL　AB　　　　　　　　　　　　　　;(A)×(B)=BA

DIV　AB　　　　　　　　　　　　　　;(A)/(B)=　A…B

要点分析：MUL 指令实现 8 位无符号数的乘法操作，两个乘数分别放在累加器 A 和寄存器 B 中，乘积为 16 位，低 8 位放在 A 中，高 8 位放在 B 中；DIV 指令实现 8 位无符号数除法，被除数放在 A 中，除数放在 B 中，指令执行后，商放在 A 中而余数放在 B 中。

（7）十进制加法调整指令。

DA　A

要点分析：

1）这条指令必须紧跟在 ADD 或 ADDC 指令之后，且这里的 ADD 或 ADDC 的操作是对压缩的 BCD 数进行运算。

2）DA 指令不影响溢出标志。

【例 4.6】　设（A）=56H，（R7）=78H，执行指令：

ADD　A,R7

DA　A

结果：(A)=34H,(CY)=1

【例 4.7】　设计将两个 4 位压缩 BCD 码数相加程序。其中一个数存放在 30H（存放十位、个位）、31H（存放千位、百位）存储器单元，另一个加数存放在 32H（存放低位）、33H（存放高位）存储单元，和数存到 30H、31H 单元。

程序如下：

```
MOV   R0,#30H      ;地址指针指向一个加数的个位、十位
MOV   R1,#32H      ;另一个地址指针指向第二个加数的个位、十位
MOV   A,@R0        ;一个加数送累加器
ADD   A,@R1        ;两个加数的个位、十位相加
DA    A            ;调整为 BCD 码数
MOV   @R0,A        ;和数的个位、十位送 30H 单元
INC   R0           ;两个地址指针分别指向两个加数的百位、千位
INC   R1
MOV   A,@R0        ;一个加数的百位、千位送累加器
ADDC  A,@R1        ;两个加数的百位、千位和进位相加
DA    A            ;调整为 BCD 码数
MOV   @R0,A        ;和数的百位、千位送 31H 单元
```

3. 逻辑运算类指令

（1）逻辑与运算指令。

运算规则为：0·0=0，0·1=0，1·0=0，1·1=1

ANL　A，Rn　　　　　　　　　;A←(A)∧(Rn)

```
ANL   A, direct                    ; A←(A)∧(direct)
ANL   A, @Ri                       ; A←(A)∧((Ri))
ANL   A, #data                     ; A←(A)∧data
ANL   direct, A                    ; direct←(direct)∧(A)
ANL   direct, #data                ; direct←(direct)∧data
```

（2）逻辑或运算指令。

运算规则为：0＋0＝0，0＋1＝1，1＋0＝1，1＋1＝1

```
ORL   A, Rn                        ;A←(A)∨(Rn)
ORL   A,direct                     ;A←(A)∨(direct)
ORL   A,@Ri                        ;A←(A)∨((Ri))
ORL   A,#data                      ;A←(A)∨data
ORL   direct,A                     ;direct←(direct)∨(A)
ORL   direct,#data                 ;direct←(direct)∨data
```

（3）逻辑异或运算指令。

运算规则为：0⊕0＝0，1⊕1＝0，0⊕1＝1，1⊕0＝1

```
XRL   A,Rn                         ;A←(A)⊕(Rn)
XRL   A,direct                     ;A←(A)⊕(direct)
XRL   A,@Ri                        ;A←(A)⊕((Ri))
XRL   A,#data                      ;A←(A)⊕data
XRL   direct,A                     ;direct←(direct)⊕(A)
XRL   direct,#data                 ;direct←(direct)⊕data
```

【例 4.8】 试分析下列程序执行结果。

```
MOV  A,#0FFH                       ;(A)=0FFH
ANL  P1,#00H                       ;SFR 中 P1 口清零
ORL  P1,#55H                       ;P1 口内容为 55H
XRL  P1,A                          ;P1 口内容为 0AAH
```

（4）累加器清"0"和取反指令。

累加器清"0"指令：

```
CLR  A                             ;A←0
```

累加器按位取反指令：

```
CPL  A                             ;A←(/A)
```

要点分析：

1）逻辑运算是按位进行的，累加器的按位取反实际上是逻辑非运算。

2）当需要只改变字节数据的某几位，而其余位不变时，不能使用直接传送方法，只能通过逻辑运算完成。

【例 4.9】 将累加器 A 的低 4 位传送到 P1 口的低 4 位，但 P1 口的高 4 位需保持不

变。对此可由以下程序段实现：

```
MOV  R0,A              ;A内容暂存R0
ANL  A,#0FH            ;屏蔽A的高4位(低4位不变)
ANL  P1,#0F0H          ;屏蔽P1口的低4位(高4位不变)
ORL  P1,A              ;实现低4位传送
MOV  A,R0              ;恢复A的内容
```

（5）移位指令。

1）累加器内容循环左移，如图 4.16 所示。

RL A $;A_{n+1} \leftarrow A_n \quad n=0 \sim 6, A_0 \leftarrow A_7$

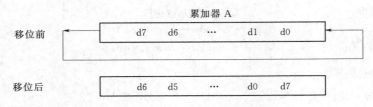

图 4.16 累加器内容循环左移

2）累加器带进位标志循环左移，如图 4.17 所示。

RLC A $;A_{n+1} \leftarrow A_n \quad n=0 \sim 6, A_0 \leftarrow C \quad C \leftarrow A_7$

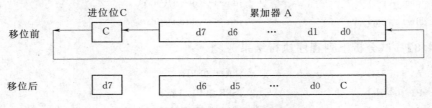

图 4.17 累加器带进位标志循环左移

3）累加器内容循环右移，如图 4.18 所示。

RR A $;A_n \leftarrow A_{n+1} \quad n=0 \sim 6, A_7 \leftarrow A_0$

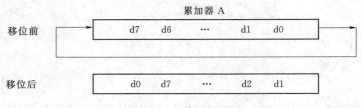

图 4.18 累加器内容循环右移

4）累加器带进位标志循环右移，如图 4.19 所示。

RRC A $;A_n \leftarrow A_{n+1} \quad n=0 \sim 6, A_7 \leftarrow C \quad C \leftarrow A_0$

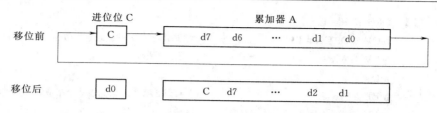

图 4.19　累加器带进位标志循环右移

【例 4.10】　试用三种方法将累加器 A 中无符号数乘以 2。

解法 1：

CLR　C

RLC　A

解法 2：

CLR　C

MOV R0,A

ADD　A,R0

解法 3：

MOV　B,#2

MUL　AB

4. 控制转移类指令

(1) 无条件转移指令。不规定条件的程序转移称之为无条件转移。MCS－51 共有 4 条无条件转移指令。

1）长转移指令。

LJMP　addr16　　　　　　　　;PC←addr16

转移范围为 64KB，因此称之为"长转移"。

2）绝对转移指令。

AJMP　addr11　　　　　　　　;PC←(PC)+2;PC$_{0\sim10}$←addr11

转移范围为 2KB。

3）短转移指令。

SJMP　rel　　　　　　　　　;rel 为相对偏移量

计算目的地址，并按计算得到的目的地址实现程序的相对转移。计算公式为

$$目的地址＝(PC)+2+rel$$

4）变址寻址转移指令。

JMP　@A+DPTR　　　　　　;PC←(A)+(DPTR)

指令以 DPTR 内容为基址，以 A 的内容作变址，转移的目的地址由 A 的内容和 DPTR 内容之和来确定，即目的地址＝(A)+(DPTR)。

【例 4.11】

```
           ORG    1000H
           MOV    DPTR,#TAB        ;将 TAB 所代表的地址送入数据指针 DPTR
           MOV    A,R1             ;从 R1 中取数
           MOV    B,#2
           MUL    AB              ;A 乘以 2,AJMP 语句占 2 个字节,且是连续存放的
           JMP    @A+DPTR         ;跳转
TAB:       AJMP   S0              ;跳转表格
           AJMP   S1
           AJMP   S2
S0:        S0 子程序段
S1:        S1 子程序段
S2:        S2 子程序段
           END
```

（2）条件转移指令。所谓条件转移就是程序转移是有条件的。执行条件转移指令时，如指令中规定的条件满足，则进行程序转移，否则程序顺序执行。条件转移有如下指令。

1）累加器判零转移指令。

```
JZ   rel        ;若(A)=0,则 PC←(PC)+2+rel  转移;若(A)≠0,则 PC←(PC)+2  顺序执行
JNZ  rel        ;若(A)≠0,则 PC←(PC)+2+rel  转移;若(A)=0,则 PC←(PC)+2  顺序执行
```

【例 4.12】　将外部 RAM 的一个数据块（首址为 DATA1）传送到内部 RAM（首址为 DATA2），遇到传送的数据为零时停止。

```
START:MOV R0,#DATA2      ;置内部 RAM 数据指针
      MOV DPTR,#DATA1     ;置外部 RAM 数据指针
LOOP1:MOVX A,@DPTR        ;外部 RAM 单元内容送 A
      JZ LOOP2            ;判断传送数据是否为零,A 为零则转移
      MOV @R0,A           ;传送数据不为零,送内部 RAM
      INC R0              ;修改地址指针
      INC DPTR
      SJMP LOOP1          ;继续传送
LOOP2:RET                 ;结束传送,返回主程序
```

2）数值比较转移指令。数值比较转移指令是把两个操作数进行比较，比较结果作为条件来控制程序转移。

共有以下 4 条指令：

```
CJNE   A,#data,rel
CJNE   A,direct,rel
CJNE   Rn,#data,rel
CJNE   @R,#data,rel
```

指令的转移可按以下 3 种情况说明。

a. 若左操作数＝右操作数，则程序顺序执行 PC←（PC）+3，进位标志位清“0”

$(CY)=0$。

b. 若左操作数＞右操作数，则程序转移 PC←(PC)＋3＋rel；进位标志位清"0" $(CY)=0$。

c. 若左操作数＜右操作数，则程序转移 PC←(PC)＋3＋rel；进位标志位置"1" $(CY)=1$。

3）减1条件转移指令。把减1与条件转移两种功能结合在一起的指令，共两条。

a. 寄存器减1条件转移指令。

DJNZ　Rn,rel

其功能为：寄存器内容减1，如所得结果为0，则程序顺序执行，如没有减到0，则程序转移。具体表示如下：

Rn←(Rn)−1　　　　　　　　　　　　;若(Rn)≠0,则 PC←(PC)＋2＋rel;若(Rn)=0,则 PC←(PC)＋2

b. 直接寻址单元减1条件转移指令。

DJNZ　direct,rel

其功能为：直接寻址单元内容减1，如所得结果为0，则程序顺序执行；如没有减到0，则程序转移。具体表示如下：

direct←(direct)−1　　　　　　　　　;若(direct)≠0,则 PC←(PC)＋3＋rel;若(direct)=0,则 PC←(PC)＋3

要点分析：这两条指令主要用于控制程序循环。如预先把寄存器或内部 RAM 单元赋值循环次数，则利用减1条件转移指令，以减1后是否为0作为转移条件，即可实现按次数控制循环。

【例 4.13】　把 2000H 开始的外部 RAM 单元中的数据送到 3000H 开始的外部 RAM 单元中，数据个数已在内部 RAM35H 单元中。

```
        MOV  DPTR,#2000H    ;源数据区首址
        PUSH DPL            ;源首址暂存堆栈
        PUSH DPH
        MOV  DPTR,#3000H    ;目的数据区首址
        MOV  R2,DPL         ;目的首址暂存寄存器
        MOV  R3,DPH
LOOP:   POP  DPH            ;取回源地址
        POP  DPL
        MOVX A,@DPTR        ;取出数据
        INC  DPTR           ;源地址增量
        PUSH DPL            ;源地址暂存堆栈
        PUSH DPH
        MOV  DPL,R2         ;取回目的地址
        MOV  DPH,R3
        MOVX @DPTR,A        ;数据送目的区
        INC  DPTR           ;目的地址增量
```

```
        MOV   R2,DPL           ;目的地址暂存寄存器
        MOV   R3,DPH
        DJNZ  35H,LOOP         ;没完,继续循环
        RET                    ;返回主程序
```

（3）子程序调用与返回指令组。子程序结构，即把重复的程序段编写为一个子程序，通过主程序调用来使用它。减少了编程工作量，缩短了程序的长度。

调用指令在主程序中使用，而返回指令则应该是子程序的最后一条指令。执行完这条指令之后，程序返回主程序断点处继续执行，如图 4.20 所示。

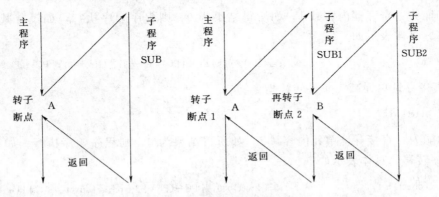

图 4.20　子程序调用与返回的方式

1）绝对调用指令。

ACALL　addr11

子程序调用范围是 2KB，其构造目的地址是在 PC＋2 的基础上，以指令提供的 11 位地址取代 PC 的低 11 位，而 PC 的高 5 位不变。

```
PC←(PC)+2
SP←(SP)+1               ;(SP)←(PC)_{7~0}
SP←(SP)+1               ;(SP)←(PC)_{15~8}
PC_{10~0}← addr11
```

2）长调用指令。

LCALL　addr16

调用地址在指令中直接给出，子程序调用范围是 64KB。

3）返回指令。

```
RET                    ;子程序返回指令
RETI                   ;中断服务子程序返回指令
```

功能：子程序返回指令执行子程序返回功能，从堆栈中自动取出断点地址送给程序计数器 PC，使程序在主程序断点处继续向下执行。

4）空操作指令。

```
NOP                              ;PC←(PC)+1
```

空操作指令也算一条控制指令，即控制 CPU 不作任何操作，只消耗一个机器周期的时间。空操作指令是单字节指令，因此执行后 PC 加 1，时间延续一个机器周期。NOP 指令常用于程序的等待或时间的延迟。

5. 位操作类指令

(1) 位传送指令。

```
MOV   C,bit                      ;CY←(bit)
MOV   bit,C                      ;bit←(CY)
```

(2) 位置位复位指令。

```
SETB  C                          ;CY← 1
SETB  bit                        ;bit← 1
CLR   C                          ;CY← 0
CLR   bit                        ;bit← 0
```

(3) 位运算指令。

1) 与。

```
ANL   C,bit                      ;CY←(CY)∧(bit)
ANL   C,/bit                     ;CY←(CY)∧(/bit)
```

2) 或。

```
ORL   C,bit                      ;CY←(CY)∨(bit)
ORL   C,/bit                     ;CY←(CY)∨(/bit)
```

3) 非。

```
CPL   C                          ;CY←(/CY)
CPL   bit                        ;bit←(/bit)
```

【例 4.14】 试编程将内部数据存储器 40H 单元的第 0 位和第 7 位置"1"，其余位变反。

解： 根据题意编制程序如下：

```
MOV   A,40H
CPL   A
SETB  ACC.0
SETB  ACC.7
MOV   40H,A
```

【例 4.15】 请用位操作指令，求下面逻辑方程。

$$P1.7 = ACC.0 \times (B.0 + P2.1) + P3.2$$

解： 根据题意编制程序如下：

```
MOV   C,B.0
```

```
ORL  C,P2.1
ANL  C,ACC.0
ORL  C,/P3.2
MOV  P1.7,C
```

（4）位控制转移指令组。位控制转移指令就是以位的状态作为实现程序转移的判断条件。

1）以 C 状态为条件的转移指令。

JC   rel   ;(CY)=1 转移,否则顺序执行

JNC rel   ;(CY)=0 转移,否则顺序执行

2）以位状态为条件的转移指令。

JB   bit,rel   ;位状态为"1"转移

JNB bit,rel   ;位状态为"0"转移

JBC bit,rel   ;位状态为"1"转移,并使该位清"0"

4.2.3　汇编语言伪指令

汇编语言的伪指令是汇编程序能够识别并对汇编过程进行某种控制的汇编命令。它没有对应的可执行目标码,不是单片机执行的指令,所以汇编后产生的目标程序中不会再出现伪指令。

1. 定义位伪指令 ORG（Origin）

格式:[标号:] ORG m

m:16 位二进制数,代表地址。

功能:指出汇编语言程序通过编译,得到的机器语言程序的起始地址。

例如:　　　　　　ORG 8000H

　　　　　START:MOV A,#30H

此时规定该段程序的机器码从地址 8000H 单元开始存放。

2. 定义字节伪指令 DB（Define Byte）

格式:[标号:] DB X1,X2,~Xn

Xn:单字节二进制、十进制、十六进制数,或以 ' '括起来的字符串、数据符号。

功能:定义程序存储器从标号开始的连续单元,用来存放常数、字符和表格。

例如:DB "how are you?" 把字符串中的字符以 ASCII 码的形式存放在连续的 ROM 单元中。又如:DB -2,-4,-6,8,10,18 把这 6 个十进制数转换为十六进制表示（FEH,FCH,FAH,08H,0AH,12H）,并连续地存放在 6 个 ROM 单元中。

3. 定义字伪指令 DW（Define Word）

格式:[标号:] DW Y1,Y2,~Yn

Yn:双字节二进制、十进制、十六进制数,或以 ' '括起来的字符串、数据符号。

功能:同 DB,不同的是为 16 位数据。

4. 汇编结束命令 END

格式：〔标号：〕 END

功能：END 是汇编语言源程序的汇编结束标志，在它后面所写的指令均不予处理。

5. 等值命令 EQU

格式：字符名称 EQU 数或汇编符号

功能：将一个数或特定的汇编符号赋予规定的字符名称，先定义后使用。

```
例如：LEN   EQU  10
      SUM   EQU  21H
      BLOCK EQU  22H
      CLR   A
      MOV   R7,#LEN
      MOV   R0,#BLOCK
LOOP：ADD   A,@R0
      INC   R0
      DJNZ  R7,LOOP
      MOV   SUM,A
      END
```

该程序的功能是，把 BLOCK 单元开始存放的 10 个无符号数进行求和，并将结果存入 SUM 单元中。

6. 空间定义伪指令 DS

〔标号：〕 DS 表达式

功能是从标号指定的地址单元开始，在程序存储器中保留由表达式所指定的个数的存储单元作为备用的空间，并都填以零值。

```
例如：    ORG  3000H
      BUF：DS  50
```

汇编后，从地址 3000H 开始保留 50 个存储单元作为备用单元。

7. 位地址符号定义伪指令 BIT

格式：字符名称 BIT 表达式

功能：将位地址赋给指定的符号名。其中，位地址表达式可以是绝对地址，也可以是符号地址。

例如：ST BIT P1.0

将 P1.0 的位地址赋给符号名 ST，在其后的编程中就可以用 ST 来代替 P1.0。

4.2.4 MCS-51 单片机指令系统应用

下面以 MCS-51 单片机控制发光二极管和数码显示管为例，介绍指令系统的应用。

图 4.21 所示为 MCS-51 单片机的最小系统及外围扩展电路。图中 P1 口控制 8 个发光二极管的显示模式，P0 口控制一个共阳极数码显示管，P3.4 口连接一个复位开关。

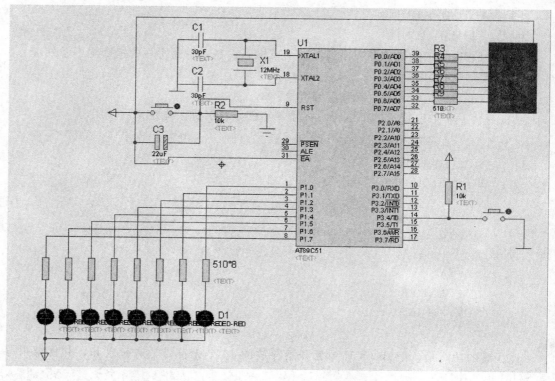

图 4.21　MCS-51 单片机的最小系统及外围扩展电路图

【例 4.16】　将 8 个发光二极管点亮。

解： ORG　0100H　　　　　　;伪指令规定该段程序的机器码从地址 0100H 单元开始存放

　　　 MOV　P1,♯00H　　　　;点亮 8 个发光二极管

　　　 END　　　　　　　　　;标志汇编语言源程序的结束

要点分析：

（1）指令"MOV　P1，♯00H"即把二进制数 00000000 送入 P1 口。

（2）根据图 4.21，当 P1 口输出低电平（即"0"）时，点亮对应的发光二极管；当 P1 口输出高电平（即"1"）时，熄灭对应的发光二极管。

【例 4.17】　8 个发光二极管闪烁。

解：　　　ORG　0100H

START：

　　　 MOV　P1,♯00H　　　　　;点亮 8 个发光二极管

　　　 LCALL　　　DELAY　　　;延时

　　　 MOV　P1,♯0FFH　　　　 ;熄灭 8 个发光二极管

　　　 LCALL　　　DELAY　　　;延时

　　　 SJMP　　　 START　　　;重复闪烁

DELAY：　　　　　　　　　　　;延时子程序

　　　 MOV　R3,♯0FFH　　　　 ;设置外循环次数

```
DEL2:                           ;外循环
        MOV   R4,#0FFH          ;设置内循环次数
DEL1:                           ;内循环
        NOP                     ;空操作
        DJNZ  R4,DEL1           ;R4 内容减 1,如所得结果为 0(即内循环结束),
                                ;则程序顺序执行,如没有减到 0,则程序转移
        DJNZ  R3,DEL2           ;R3 内容减 1,如所得结果为 0(即外循环结束),
                                ;则程序顺序执行,如没有减到 0,则程序转移
        RET                     ;返回主程序
        END
```

要点分析:

（1）发光二极管闪烁的过程可分解为如图 4.22 所示。完成一次亮灭变化后,通过指令"SJMP START"使亮灭重复进行。

图 4.22　发光二极管闪烁过程

（2）可在主程序 START 中通过指令"LCALL DELAY"调用子程序 DELAY,实现延时。调用时,指令执行由主程序转移到子程序,子程序执行完后,用指令"RET"返回主程序。

（3）延时子程序流程图如图 4.23 所示。由图可见,该程序为双重循环,当满足循环条件时,执行指令"NOP"空操作,执行次数为 $i \times j$ 次。

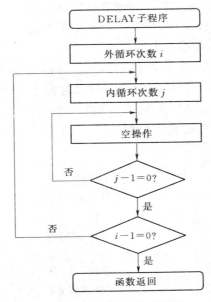

图 4.23　延时子程序流程图

【例4.18】　从右到左实现流水灯顺序点亮。

解：　　ORG　0100H

START：MOV　R2，#08H　　　　　　　;设置循环次数

　　　　MOV　A，#0FEH　　　　　　　;送显示模式字

NEXT：

　　　　MOV　P1，A　　　　　　　　　;点亮连接的发光二极管

　　　　LCALL　DELAY

　　　　RL　A　　　　　　　　　　　　;左移一位,改变显示模式字

　　　　DJNZ　　R2，NEXT　　　　　　;循环次数减1不为零,继续点亮下一个发光二极管

　　　　SJMP　　START

DELAY：

　　　　MOV　R3，#0FFH

DEL2：

　　　　MOV　R4，#0FFH

DEL1：

　　　　NOP

　　　　DJNZ　　　　R4，DEL1

　　　　DJNZ　　　　R3，DEL2

　　　　RET

　　　　END

要点分析：

(1) 该例为从右到左依次点亮发光二极管的程序，其显示模式如图4.24所示。

(2) 由图4.24可见，点亮的过程重复进行8次，即指令"MOV　P1，A"重复执行8次，因此，可用指令"MOV　R2，#08H"设置循环次数为8；指令"DJNZ　R2，NEXT"判断循环是否结束，若未结束，继续向左点亮下一个发光二极管，若结束，执行指令"SJMP START"进行下一次从右到左点亮。

(3) 由图4.24可见，点亮的过程送入P1口的显示模式字依次为：11111110，11111101，11111011，…，01111111，因此，可通过指令"MOV　A，#0FEH"设定初始显示模式字，并通过"RL　A"实现显示模式字的循环左移。

【例4.19】　从左到右实现流水灯顺序点亮。

解：　　ORG　0100H

START：MOV　R2，#08H　　　　　　;设置循环次数

　　　　MOV　A，#0EFH　　　　　　;送显示模式字

NEXT：

　　　　MOV　P1，A　　　　　　　　;点亮连接的发光二极管

　　　　LCALL　　DELAY

　　　　RR　A　　　　　　　　　　　;右移一位,改变显示模式字

　　　　DJNZ　　　R2，NEXT　　　　;循环次数减1不为零,继续点亮下一个发光二极管

　　　　SJMP　　　START

```
DELAY：
        MOV   R3，＃0FFH
DEL2：
        MOV   R4，＃0FFH
DEL1：
        NOP
        DJNZ      R4，DEL1
        DJNZ      R3，DEL2
        RET
        END
```

要点分析：

（1）该例为从左到右依次点亮发光二极管的程序，其显示模式如图4.25所示。

（2）由图4.25可见，点亮的过程送入P1口的显示模式字依次为：01111111，10111111，11011111，…，11111110，因此，可通过指令"MOV　A，＃0EFH"设定初始显示模式字，并通过"RR　A"实现显示模式字的循环右移。

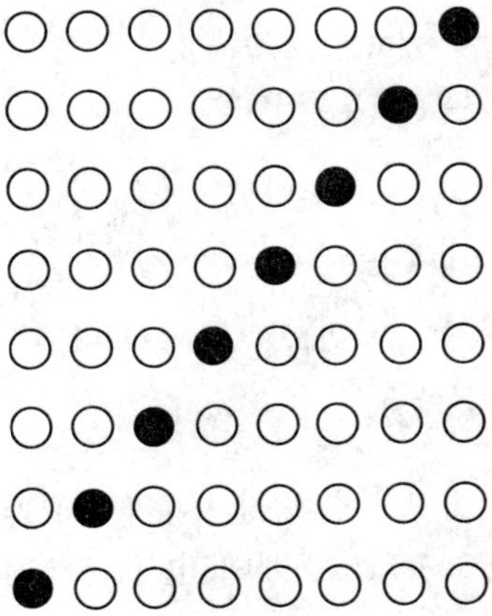

图4.24　从右到左依次
点亮发光二极管

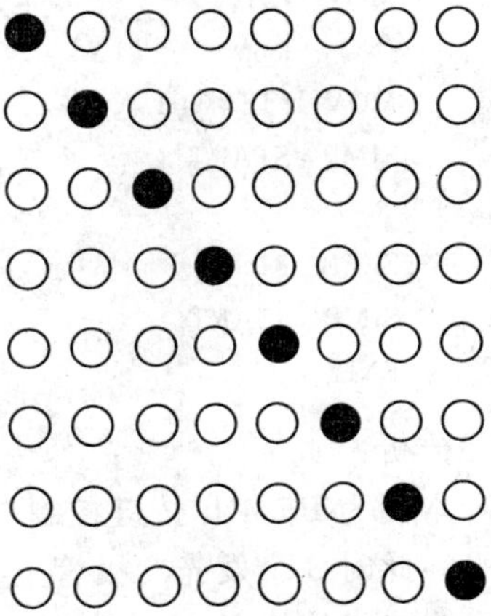

图4.25　从左到右依次
点亮发光二极管

【例4.20】　用按键控制发光二极管的显示方式。

解：　ORG　0100H

```
START: MOV P3，＃11111111B          ；使P3口锁存器置位
       MOV A，P3                    ；读P3口引脚线信号
       ANL A，＃00010000B           ；逻辑与操作，屏蔽掉无关位
       JZ    loop                   ；判断P3.4是否接地，若A为0，跳转到loop执行
       MOV P1，＃00H                 ；否则，P3.4为高电平，点亮所有发光二极管
       SJMP      START
loop：
       MOV P1，＃55H                 ；P3.4接地，发光二极管交叉亮灭
```

```
        SJMP        START
        END
```

要点分析：

（1）本例为 P3.4 口按键控制发光二极管显示方式。若按键未按下，P3.4 口输入为高电平，此时 8 个发光二极管全亮；若按键按下，P3.4 口输入为低电平，此时发光二极管交叉亮灭。

（2）要读出 P3.4 口的状态，可用指令"ANL　A，#00010000B"屏蔽掉无关位。用"1"与运算，可保留数值不变；用"0"与运算，可清零。

（3）指令"JZ　loop"为累加器 A 判 0 条件转移指令，若（A）=0，即按键按下，程序转移执行 loop，使发光二极管交叉亮灭"MOV P1，#55H"；若（A）≠0，即按键未按下，程序顺序执行指令"MOV　P1，#00H"，使发光二极管全亮。

【例 4.21】 用按键控制一个发光二极管的显示方式。

```
解：       ORG   0100H
START：MOV   P3,#11111111B      ;使 P3 口锁存器置位
        MOV   C,P3.4             ;读 P3.4 口引脚线信号
        JNC   loop              ;判断 P3.4 是否接地,若 C 为 0,跳转到 loop 执行
        MOV   P1,#00H           ;否则,P3.4 为高电平,点亮所有发光二极管
        SJMP  START
loop：
        SETB  P1.0              ;P3.4 接地,熄灭 P1.0 对应发光二极管
        SJMP  START
        END
```

要点分析：

（1）本例为 P3.4 口按键控制一个发光二极管显示方式。若按键未按下，P3.4 口输入为高电平，此时 8 个发光二极管全亮；若按键按下，P3.4 口输入为低电平，此时 P1.0 口对应的发光二极管熄灭。

（2）要读出 P3.4 口的状态，也可用指令"MOV　C，P3.4"进行位操作。

（3）指令"JNC　loop"是通过判断指令执行前，位累加器 C 的内容是否为 0（或为 1），来决定程序是否跳转。若（C）=0，即按键按下，程序转移执行 loop，其中指令"SETB P1.0"是将 P1.0 置位为"1"，即熄灭 P1.0 对应的发光二极管；若（C）≠0，即按键未按下，程序顺序执行指令"MOV P1，#00H"，使发光二极管全亮。

【例 4.22】 用数码显示管显示 1～9。

```
解：       LED EQU P0               ;定义 LED 为 P0 口
        ORG 0000H
        LJMP   START
        ORG 0100H                  ;定义程序开始存放地址
START：MOV R1, #0
loop：   MOV DPTR, #TAB
```

```
        MOV A, R1
        MOVC   A, @A+DPTR               ;查表指令
        MOV LED, A
        LCALL    DELAY
        INC R1
        MOV A, R1
        CJNE     A, #9, loop
        SJMP     START
TAB:    DB  0F9H, 0A4H, 0B0H, 99H       ;定义一个表用于存放数码管段选码
        DB  92H, 82H, 0F8H, 80H, 90H
DELAY：
        MOV R3, #0FFH                   ;延时子程序
DEL2：
        MOV R4, #0FFH
DEL1：
        NOP
        NOP
        DJNZ     R4, DEL1
        DJNZ     R3, DEL2
        RET
        END
```

要点分析：

（1）本例为用 P0 口连接数码显示管控制输出 1～9。表示 1～9 的段选码用伪指令"DB"定义，并存放在表"TAB"中。

（2）P0 口用于连接数码管显示数字，用指令"LED　EQU P0"即定义了"LED"代表"P0"，当段选码送入"LED"时，即能显示相应的数字。

（3）指令"MOVC A, @A+DPTR"以 DPTR 中的内容为基本地址，累加器 A 中的内容是地址调整量，二者相加形成真正的操作数地址，取得操作数。本例中执行该指令，可取得 TAB 中的段选码。

任务 4.3　汇编语言程序设计

【任务导航】

以交通灯项目为载体，介绍设计汇编语言程序的基本步骤、方法和要领以及典型结构程序设计方法。

4.3.1　程序设计概述

1. 程序设计语言简介

微型计算机的应用离不开应用程序的设计，常用的程序设计语言基本分为三类：机器

语言、汇编语言和高级语言。高级语言是面向程序设计人员的；前两种语言是面向机器的，常被称为低级语言。

（1）机器语言。当指令和地址采用二进制代码表示时，机器能够直接识别，因此称为机器语言。机器指令代码是 0 和 1 构成的二进制数信息，与机器的硬件操作一一对应。使用机器语言可以充分发挥计算机硬件的功能。但是，机器语言难写、难读、难交流，而且机器语言随计算机的型号不同而不同，因此移植困难。然而，无论人们使用什么语言编写程序，最终都必须翻译成机器语言，机器才能执行。

（2）汇编语言。汇编语言是采用易于人们记忆的助记符表示的程序设计语言，方便人们书写、阅读和检查。一般情况下，汇编语言与机器语言一一对应。用汇编语言编写的程序称为汇编语言源程序（源程序）。把汇编语言源程序翻译成机器语言程序的过程称为汇编，完成汇编过程的程序称为汇编程序，汇编产生的结果是机器语言程序（目标程序）。

汇编语言源程序从目标代码的长度和程序运行时间上看与机器语言程序是等效的。不同系列的机器有不同的汇编语言，因此汇编语言源程序在不同的机器之间不能通用。

（3）高级语言。高级语言是对计算机操作步骤进行描述的一整套标记符号、表达格式、结构及其使用的语法规则。它是一种面向过程的语言，使用一些接近人们书写习惯的英语和数学表达式的语言去编写程序，使用方便，通用性强，不依赖于具体计算机。目前，世界上的高级语言有数百种。

用高级语言编写的源程序，同样需要翻译成用各种机器语言表示的目标程序，计算机才能解释执行，完成翻译过程的程序称为编译或解释程序。高级语言程序所对应的目标代码往往比机器语言要长得多，运行时间也更多。

2. 汇编语言源程序的设计步骤

汇编语言源程序设计的一般步骤大致可分为：分析任务、确定算法、画程序流程图、分配资源、编写代码、程序修改与调试。

（1）分析任务。当编写某个功能的应用程序时，首先应该详细分析给定的任务。明确哪些是任务所提供的基本条件，哪些是任务要解决的具体问题，哪些是任务所期望的最终目标。

（2）确定算法。任务明确之后，下一步就是确定解决问题的方法。将给定的任务转换成计算机处理模式，即通常所说的算法。对于较复杂的任务，需要先用数学方法把问题抽象出来。往往同一个数学表达式可以用多种算法实现，应综合考虑寻找出其中的最佳方案，使程序所占内存小，运行时间短。

（3）画程序流程图。画流程图是把所采用的算法转换为汇编语言程序的准备阶段，选择合适的程序结构，把整个任务细化成若干个小的功能，使每个小功能只对应几条语句。标准的流程图符号如图 4.26 所示。

（4）分配资源。在用汇编语言进行程序设计时，直接面向的是计算机的最底层资源。在编写代码之前需要对内存区域进行分配，并确定程序和数据的存放地址。

（5）编写代码。在画好流程图并分配了相关资源后，就可以编写程序代码了。

（6）程序修改与调试。当一个汇编语言程序编好后难免有错误或需要进一步优化的地方，必须进行调试、修改。

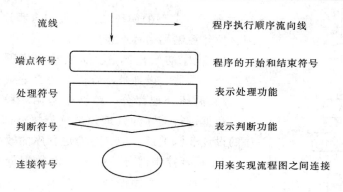

图 4.26 流程图符号

在源程序的汇编过程中用户很容易发现程序中存在的语法错误，但查找和修改程序中的逻辑错误就不那么简单了，需要借助开发系统所提供的程序单步操作或设置断点等调试手段予以排除。

4.3.2 典型结构程序设计

1. 简单程序设计

（1）顺序程序设计。顺序结构的程序，是指程序按指令的排列顺序依次执行直至程序结束。这种结构是程序结构中最简单的一种，用程序流程图表示的顺序结构程序，是一个处理框紧接一个处理框。其流程图如图 4.27 所示。

（2）分支程序设计。分支程序是按照给定的条件进行判断，根据不同的情况使程序发生转移，选择不同的程序入口。

通常用条件转移指令形成简单分支结构。例如，判断结果是否为 0（JZ、JNZ）、是否有进位或借位（JC、JNC）、指定位是否为 1（JB、JNB）、比较指令 CJNE 等都可作为分支依据。其流程图如图 4.28 所示。

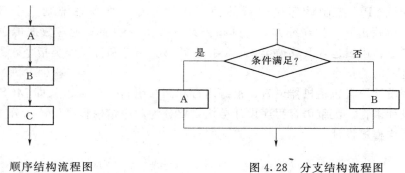

图 4.27 顺序结构流程图   图 4.28 分支结构流程图

2. 循环程序设计

（1）循环结构。顺序程序中的每条指令只执行一次，分支程序则依据条件不同会跳过一些指令，执行另一部分指令。这两种程序的特点是每条指令最多只执行一次。在处理实际问题时，常常要求某些程序段重复执行，此时应采用循环结构实现，其流程图如图

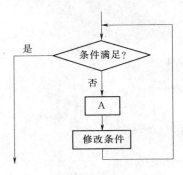

图 4.29   循环结构流程图

4.29 所示。典型的循环结构一般包含程序初始化、循环处理、循环控制和循环结束四部分。

1）程序初始化部分。为实现程序循环做准备，如建立循环计数器、设地址指针以及为变量赋初值等。

2）循环处理部分。该部分是循环程序的主体，在这里对数据进行实际的处理，是重复执行部分，所以这段程序的设计非常关键，应充分考虑程序的效率。

3）循环控制部分。为下一次数据处理而修改计数器和地址指针，并判断循环是否结束。

4）循环结束部分。分析、处理或存放结果。

第二部分和第三部分的次序根据具体情况可以先处理数据后判断，也可以先判断后处理数据。另外，有时问题比较复杂，处理段中还需要使用循环结构，即通常所说的循环嵌套（也称多重循环）。

（2）单重循环程序设计。单重循环指循环程序中不包含其他的循环，一般根据循环结束条件不同，分为循环次数已知的循环和循环次数未知的循环。循环次数已知的循环，常用循环计数器控制循环是否结束；循环次数未知的循环，常按问题的条件控制循环是否结束。

（3）多重循环程序设计。多重循环又称为循环嵌套，是指一个循环程序的循环体中包含另一个循环程序。理论上对循环嵌套的层数没有明确的规定，但由于受硬件资源的限制，实际可嵌套层数不能太多。需要注意的是，嵌套只允许一个循环程序完全包含另一个循环程序，不允许两个循环程序之间相互交叉嵌套。

项 目 4 小 结

本项目以交通转向灯程序入手，介绍了单片机仿真编译软件的使用方法和调试运行过程。

指令是 CPU 控制计算机进行某种操作的命令，指令系统则是全部指令的集合。MCS-51单片机有 7 种寻址方式，其指令系统按指令功能分则有数据传送类指令、算术运算类指令、逻辑运算及移位类指令、控制转移类指令和位操作类指令，另外还有用于控制汇编过程的伪指令。

程序设计语言包括机器语言、汇编语言和高级语言，汇编语言即 MCS-51 单片机基本程序设计语言。汇编语言程序设计结构主要分为顺序结构程序设计、分支结构程序设计和循环结构程序设计。

习 题

1. 单片机有哪几种寻址方式？

2. 访问特殊功能寄存器 SFR 可以采用哪些寻址方式？

3. 访问内部 RAM 单元可以采用哪些寻址方式？访问外部 RAM 单元可以采用哪些寻址方式？

4. 访问外部程序存储器可以采用哪些寻址方式？

5. 若（50H）＝40H，试写出执行以下程序段后累加器 A、寄存器 R0 及内部 RAM 的 40H、41H、42H 单元中的内容各为多少。

```
MOV   A,50H
MOV   R0,A
MOV   A,#00H
MOV   @R0,A
MOV   A,3BH
MOV   41H,A
MOV   42H,41H
```

6. 试写出完成以下每种操作的指令程序。

（1）将 R6 的内容传送到 R7。

（2）内部 RAM 单元 50H 的内容传送到寄存器 R6。

（3）外部 RAM 单元 2000H 的内容传送到内部 RAM 单元 70H。

（4）外部 RAM 单元 2000H 的内容传送到寄存器 R6。

（5）外部 RAM 单元 2000H 的内容传送到外部 RAM 单元 3000H。

7. 试编写程序，将 R1 中的低 4 位数与 R2 中的高 4 位数合并成一个 8 位数，并将其存放在 R1 中。

8. 试编写程序，完成两个 16 位数的减法：7F4DH－2B4EH，结果存入内部 RAM 的 30H 和 31H 单元，31H 单元存差的高 8 位，30H 单元存差的低 8 位。

项目5 交通灯定时、中断实现

1. 专业能力目标：能根据实际系统设计要求，合理使用中断系统提高单片机的工作效率。

2. 方法能力目标：掌握单片机中断系统的使用方法；掌握单片机中断系统的复杂编程方法。

3. 社会能力目标：培养认真做事、细心做事的态度。

【项目导航】

本项目主要以交通灯系统为项目载体，学习单片机中断系统原理以及其使用的编程方法。

任务 5.1 交通灯中断实现

【任务导航】

以交通灯项目为载体，学会使用单片机的外部中断功能。

本任务主要是学会外部中断在交通灯中的应用。

应用单片机设计一交通灯系统，要求实现的功能为：

（1）紧急情况按下按键，使东西南北四个方向红灯，10s 后再恢复按下按键前的状态。

（2）紧急情况是随机发生的，又需要能及时处理。如果不能及时处理，可能会带来严重的后果。单片机的外部中断功能，是由低电平或者是下降沿来触发的，响应时间短能做到即时处理的能力。根据中断触发方式，我们设计了一个按键来提供低电平或者是下降沿触发信号，那么当紧急情况发生的时候按下按键，就能给单片机提供触发信号，从而触发中断功能来及时处理紧急事件。

接口电路如图 5.1 所示。

图 5.1 中的指示灯为红色，是交通灯系统中的南北向以及东西向的红灯指示灯。其中 R1～R9 均为 270Ω。

按键被按下：P3.3 引脚上的电平变化如图 5.2 所示。按键被按下的过程中，P3.3 引脚上出现了下降沿和一段时间的低电平信号，而下降沿或者低电平信号都能作为中断触发信号来触发单片机的外部中断功能。

控制程序如下：

```
        ORG     000H
        LJMP    MAIN
        ORG     0013H           ;外部中断 1 中断向量地址
        LJMP    INTRU1
MAIN：   CLR     IT1             ;设置外部中断 1 触发方式
```

```
        SETB    EX1              ;打开外部中断1功能
        SETB    EA               ;打开总开关
        ⋯
        ⋯
        LJMP    MAIN
INTRU1: MOV     P1,#55H          ;南北方向红灯全部点亮
        MOV     P2,#55H          ;东西方向红灯全部点亮
        LCALL   DELAY_10S        ;延时显示红灯10s
        RETI
DELAY_10S:⋯                      ;10s的延时
        ⋯
```

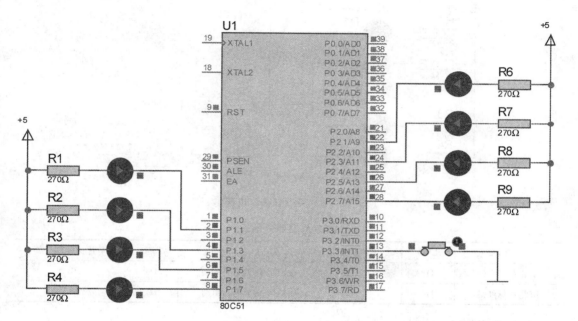

图 5.1　交通灯中断接口电路

图 5.2　P3.3 引脚上电平

任务 5.2　交通灯定时实现

【任务导航】

以交通灯项目为载体，介绍单片机的定时器原理，学习定时器的使用等。

本任务主要是学会定时器在交通灯中的应用。

定时功能可以在交通灯的信号灯转换和显示时间上得到应用。下面以信号灯转换为例。

例如：交通灯以间隔1s的时间闪烁一次的形式，模拟出现实交通灯系统中南北方向上的直行绿灯左行红灯状态即将结束，转换到南北方向上直行红灯左行绿灯状态时闪烁3次的效果。南北方向交通灯的硬件电路如图5.3所示，LED灯资源分配见表5.1。

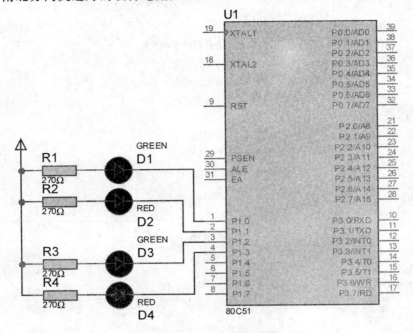

图5.3 交通灯接口电路

表 5.1 **LED 灯资源分配表**

灯	LED	单片机控制引脚	灯	LED	单片机控制引脚
南北左行绿灯	D1	P1.0	南北直行绿灯	D3	P1.2
南北左行红灯	D2	P1.1	南北直行红灯	D4	P1.3

控制程序如下：

```
         TIME_FLAG    EQU    00H        ;标志位定义
         ORG          0000H
         LJMP         START
         ORG          001BH             ;T1中断向量地址
         LJMP         T1_INT            ;指向中断服务程序
         ORG          0100H
START:
         MOV          TMOD,#10H         ;设置定时器1为方式1
         MOV          TH1,#3CH          ;设置定时初始值(50ms)
         MOV          TL1,#0B0H         ;设置定时器初值(50ms)
         SETB         EA                ;开总中断
         SETB         ET1               ;开T1中断
         SETB         TR1               ;启动T1
```

```
        CLR        TIME_FLAG        ;清 1s 计满标志位
        MOV        R3,＃14H          ;置 50ms 计数循环初值
        MOV        R2,＃03H          ;闪烁 3 次初始化
    NEXT：
        MOV        P1,＃0F9H         ;南北方向直行绿灯，左行红灯
        JNB        TIME_FLAG,$      ;查询 1s 时间到否
        CLR        TIME_FLAG        ;清标志位
        MOV        P1,＃0FFH         ;所有灯灭
        JNB        TIME_FLAG,$      ;查询 1s 时间到否
        CLR        TIME_FLAG        ;清标志位
        DJNZ       R2,NEXT
        MOV        P1,＃0F6H         ;警示结束后转南北方向直行红灯，左行绿灯
        SJMP       $
    T1_INT：
        MOV        TH1,＃3CH
        MOV        TL1,＃0B0H        ;置 50ms 计数循环初值
        DJNZ       R3,EXIT          ;判断 1s 时间到否
        MOV        R3,＃14H
        SETB       TIME_FLAG        ;标志位置 1
        RETI
        END
```

任务 5.3 单片机中断、定时功能知识

【任务导航】

以交通灯项目为载体，介绍单片机的中断系统以及定时器功能的基本原理和使用知识。

5.3.1 单片机的中断系统

5.3.1.1 什么是中断

1. 中断的概念

中断是 CPU 在执行现行程序过程中，发生随机事件或特殊请求，使 CPU 中止现行程序的执行，转去执行随机事件或特殊请求的处理程序，待处理完毕后，再返回被中止的程序继续执行的过程。

2. 几个相关术语

(1) 中断源：引起中断的事件（如按键 S）。

(2) 中断请求信号：由中断源向 CPU 发出的请求中断的信号（如 S 按下时电路产生的由高变低输入到 INT0 引脚的信号）。

(3) 中断断点：CPU 中止现行程序执行的位置（由硬件自动保存）。

(4) 中断返回：从中断服务程序返回到原来程序的过程（由硬件自动完成）。

(5) 中断响应：CPU 接受中断请求而中止现行程序，转去为中断源服务称为中断响应。

（6）中断服务程序：处理中断源请求的程序（如灯光闪动3次的程序）。

5.3.1.2 中断作用与基本功能

1．中断的作用

（1）分时操作。利用中断系统可以实现 CPU 和多台外设并行工作，能对多道程序分时操作，以及实现多机系统中个机间的联系，提高计算机系统的工作效率。

（2）实时处理。利用中断系统可以对生产过程的随机信息及时采集和处理，现场采集到的各种数据可在任何时间发出中断申请，要求 CPU 处理。若中断是开放，CPU 就可以马上响应对数据进行处理。提高了计算机控制系统的实时性。

（3）故障处理。计算机在运行过程中，往往出现事先预料不到的情况或故障（如掉电、存储出错、运算溢出等），计算机就可以利用中断系统自行处理，提高计算机系统的故障处理能力。

2．中断源（引起中断的事件称为中断源）

计算机的中断源通常有以下几种：

（1）一般输入/输出设备。

（2）实时时钟或计数信号。

（3）故障源。

（4）为调试程序而设置的中断源。

3．中断系统的基本功能

（1）识别中断源。

（2）实现中断及返回。

（3）实现优先权排队。

（4）高级中断源能中断低级中断处理。

5.3.1.3 MCS-51 单片机中断系统的组成

中断过程是在硬件基础上再配以相应的软件而实现的，不同的计算机，其硬件结构和软件指令不完全相同，因此，中断系统也不尽相同。MCS-51 系列单片机基本的中断系统结构如图 5.4 所示。

1．MCS-51 系列单片机中的中断源

8051 单片机有 5 个中断源，分别是$\overline{INT0}$、$\overline{NIT1}$、T0、T1 和串行口。

2．中断请求标志

所有的中断源都要产生相应的中断请求标志，外部中断的中断请求标志位和 T0、T1 的溢出中断请求标志位锁存在定时器/计数器控制寄存器 TCON 中，而串口对应的中断请求标志位锁存在串行口控制寄存器 SCON 中。

（1）定时器/计数器控制寄存器 TCON（88H）。TCON 为定时器/计数器 T0、T1 的控制器，同时也锁存了 T0、T1 的溢出中断请求标志和外部中断请求标志，其格式如下，与中断有关的位有：

TCON (88H)	TF1	TR1	TF0	TR0	IE1	IT1	IE0	IT0

TCON 中各位的含义为：

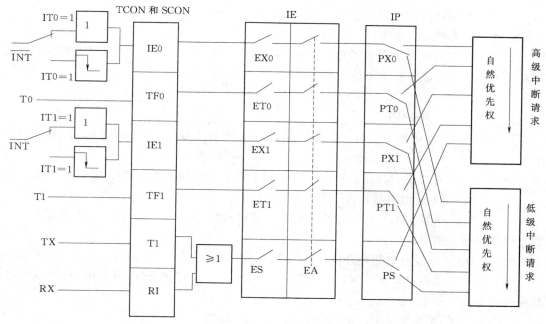

图 5.4   MCS-51 中断系统内部结构示意图

1）IE0：外部中断 INT0（P3.2）请求标志位。当 IE0＝0 时，表示外部中断源 INT0 没有向 CPU 请求中断；当 IE1＝1 时，表示外部中断源 INT0 正在向 CPU 请求中断。

2）IT1：外部中断 INT1 请求类型（触发方式）控制位。IT1＝0：外部中断 1 程控为电平触发方式，当 INT1（P3.3）输入低电平时，置位 IE1＝1，申请中断。IT1＝1：外部中断 1 程序控制为边沿触发方式，CPU 在每个机器周期的 S5P2 采样 INT1（P3.3）输入电平。

3）IE1：外部中断 INT1（P3.3）请求标志位。功能与 IE0 相同。

4）IT0：外部中断 0（INT0）触发方式控制位。功能与 IT1 相同。

5）TF0：定时器 T0 的溢出中断请求标志。当定时器 T0 产生计数溢出时由硬件自动将 TF0 置 1，通过 TF0 位向 CPU 申请中断，一直保持到 CPU 响应后才由硬件自动将 TF0 位清 0。当 TF0 位为 0 时，表示 T0 计数未产生溢出。

6）TF1：定时器 T1 的溢出中断请求标志。功能与 TF0 相同。

7）TR0：定时器 T0 启动计时控制位。TR0＝1，T0 启动计时；TR0＝0，T0 停止计时。

8）TR1：定时器 T1 启动计时控制位。TR1＝1，T1 启动计时；TR1＝0，T1 停止计时。

（2）串行口控制寄存器 SCON（98H）。为串行口控制寄存器，SCON 的低两位锁存串行口接收中断和发送中断标志 RI 和 TI，其格式如下：

						99H	98H
SCON（98H）						TI	RI

RI 和 TI：串行口内部表示中断申请标志位。

3. 中断允许控制寄存器 IE（A8H）

MCS-51 单片机中，特殊功能寄存器 IE 为中断允许寄存器，控制 CPU 对中断源的开放或屏蔽，以及每个中断源是否允许中断。其格式为：

	AFH				ACH	ABH	AAH	A9H	A8H
IE（A8H）	EA				ES	ET1	EX1	ET0	EX0

（1）EA：CPU 中断开放标志。EA＝1，CPU 开放中断；EA＝0，CPU 屏蔽所有的中断请求。

（2）ES：串行中断允许位。ES＝1，允许串行口中断；ES＝0，禁止串行口中断。

（3）ET1：T1 溢出中断允许。ET1＝1，允许 T1 中断；ET1＝0，禁止 T1 中断。

（4）EX1：外部中断 1（INT1）允许位。EX1＝1，允许外部中断 1 中断；EX1＝0，禁止外部中断 1 中断。

（5）ET0：T0 溢出中断允许位。ET0＝1，允许 T0 中断；ET0＝0，禁止 T0 中断。

（6）EX0：外部中断 0（INT0）允许位。EX0＝1，允许外部中断 0 中断；EX0＝0，禁止外部中断 0 中断。

MCS-51 单片机复位后，IE 中各位均被清 0，即禁止所有中断。

4. 中断源优先级控制寄存器 IP（B8H）

8051 单片机具有两个中断优先级，每个中断源可编程为高优先级中断或低优先级中断，并可实现两级中断嵌套。

特殊功能寄存器 IP 为中断优先级寄存器，所存各种中断源优先级的控制位，用户可用软件设定，其格式如下：

				BCH	BBH	BAH	B9H	B8H
IP（B8H）	—	—	—	PS	PT1	PX1	PT0	PX0

（1）PS：串行口中断优先级控制位。PS＝1，设定串行口为高优先级中断；PS＝0，为低优先级中断。

（2）PT1：T1 中断优先级控制位。PT1＝1，设定定时器 T1 为高优先级中断；PT1＝0，为低优先级中断。

（3）PX1：外部中断 1 中断优先级控制位。PX1＝1，设定外部中断 1 为高优先级中断；PX1＝0，为低优先级中断。

（4）PT0：T0 中断优先级控制位。PT0＝1，设定定时器 T0 为高优先级中断；PT0＝0，为低优先级中断。

（5）PX0：外部中断 1 中断优先级控制位。PX0＝1，设定外部中断 1 为高优先级中断；PX0＝0，为低优先级中断。

设置 IP 寄存器把各中断源的优先级分为高低 2 级，它们遵循 2 条基本原则：①低优先级中断可以被高优先级中断所中断，反之不能；②一种中断一旦得到响应，与它同级的中断不能再中断它。

当 CPU 同时收到几个同一优先级别的中断请求时，哪一个的请求将得到服务，取决于内部的硬件查询顺序，CPU 将按自然优先级顺序确定该响应哪个中断请求。其自然优先级由硬件形成，排列顺序见表 5.2。

表 5.2　　　　　　　　　　　　　自然优先级排列顺序表

中　断　源	同级内部优先级
外部中断 0 定时器 T0 中断 外部中断 1 定时器 T1 中断 串行口中断	最高级 ↓ 最低级

　　若发生下列情况，中断响应会受到阻断：①同级或高优先级的中断正在进行；②现在的机器周期不是所执行指令的最后一个机器周期；③正执行的指令是 RETI 或是访问 IE 或 IP 的指令。

　　CPU 响应中断，由硬件自动将响应的中断矢量地址装入程序计数器 PC，转入该中断服务程序进行处理。对于有些中断源，CPU 在响应中断后会自动清除中断标志，如定时器溢出标志 TF0、TF1，以及边沿触发方式下的外部中断标志 IE0、IE1；而有些中断标志不会自动清除，只能由用户用软件清除，如串行口的接收发送中断标志 RI、TI；在电平触发方式下的外部中断标志 IE0 和 IE1 则是根据引脚 INT0 和 INT1 的电平变化的，CPU 无法直接干预，需在引脚外加硬件（如 D 触发器）使其自动撤销外部中断请求。

　　CPU 执行中断服务程序之前，自动将程序计数器 PC 内容（断点地址）压入堆栈保护（但不保护状态寄存器 PSW 的内容，更不保护累加器 A 和其他寄存器的内容），然后将对应的中断矢量装入程序计数器 PC，使程序转向该中断矢量地址单元中，以执行中断服务程序。

　　中断源及其对应的中断矢量地址见表 5.3。

表 5.3　　　　　　　　　　　　MCS-51 单片机中断源地址分配

中　断　源	中断矢量地址	中　断　源	中断矢量地址
外部中断 0（INT0）	0003H	定时器 T1 中断	001BH
定时器 T0 中断	000BH	串行口中断	0023H
外部中断 1（INT1）	0013H		

　　中断服务程序从矢量地址开始执行，一直到返回指令"RETI"为止。"RETI"指令的操作，一方面告诉中断系统该中断服务程序已经执行完毕，另一方面把原来压入堆栈保护的断点地址从栈顶弹出，装入程序计数器 PC，使程序返回到被中断的程序断点处，以便继续执行。

　　在编写中断服务程序时应注意：①在中断矢量地址单元处放一条无条件转移指令（如 JMP ××××H），使中断服务程序可灵活地安排在 64KB 字节程序存储器的任何空间；②在中断服务程序中，用户应注意用软件保护现场，以免中断返回后，丢失原寄存器、累加器中的信息；③若要在执行当前中断程序时应禁止更高优先级中断，可以先用软件关闭 CPU 中断，或禁止某中断源中断，在中断返回前再开放中断。

MCS - 51 单片机的中断处理过程可分为三个阶段，即中断响应、中断处理和中断返回。

5.3.1.4 中断响应

1. 响应条件

CPU 响应中断的条件有：

（1）有中断源发出中断请求。

（2）中断总允许位 EA＝1，即 CPU 开中断。

（3）申请中断的中断源的中断允许位为 1。

满足以上条件，CPU 响应中断；如果中断受阻，CPU 不会响应中断。

2. 响应过程

单片机一旦响应中断，首先置位响应的优先级触发器，然后执行一个硬件子程序调用，把断点地址压入堆栈保护，然后将对应的中断入口地址装入程序计数器 PC，使程序转向该中断入口地址，以执行中断服务程序。

3. 中断处理

CPU 响应中断结束后即转至中断服务程序的入口。从中断服务程序的第一条指令开始到返回指令为止，这个过程称为中断处理或中断服务。中断处理包括两部分内容：一是保护现场；二是为中断源服务。

现场通常有 PSW、工作寄存器、专用寄存器等。如果在中断服务程序中要用这些寄存器，则在进入中断服务之前应将它们的内容保护起来称保护现场；同时在中断结束，执行 RETI 指令之前应恢复现场。

中断服务是针对中断源的具体要求进行处理。

4. 中断返回

中断处理程序的最后一条指令是中断返回指令 RETI。它的功能是将断点弹出送回 PC 中，使程序能返回到原来被中断的程序继续执行。

5.3.1.5 MCS - 51 单片机中断系统应用

1. 中断系统的初始化

在项目 3 介绍系统复位时，已经说明了特殊功能寄存器的复位值。由表 3.3 可知，当系统上电复位或手动复位后，与中断系统相关的 IE、IP、TCON 的值分别 0XX00000B、XXX00000B、00000000B。可见，当系统复位后中断系统是关闭的，也就是说即使有中断请求，CPU 也不会响应，因此，若在程序中使用中断，就必须在程序未进入到主程序之前，通过指令对 IE 进行设置，将中断系统打开，称为开中断，同时根据需要设置 IP 确定各个中断源的优先级，通过对 TCON 中的 IT0、IT1 的设置确定外部中断的触发方式。对以上中断系统特殊功能寄存器的设置，称为中断系统的初始化，它包括三个部分：①开中断；②确定优先权；③确定外部中断触发方式。

例如：要使用外部中断 0，电平触发方式，设为高级优先，写出初始化程序。

因为特殊功能寄存器 IE、IP、TCON 均可以位寻址，所以，初始化可以有两种方法，即用字节指令写的初始化程序和用位操作指令写的初始化程序。

（1）用字节指令写的初始化程序。

```
MOV    IE,#81H          ;开总开关和外部中断 0
MOV    IP,#01H          ;外部中断 0 为高级优先
MOV    TCON,#02H        ;外部中断 0 为电平触发方式
```

（2）用位操作指令写的初始化程序。

```
SETB   EA               ;开总开关
SETB   EX0              ;外部中断 0
SETB   PX0              ;外部中断 0 为高级优先
CLR    IT0              ;外部中断 0 为电平触发方式
```

2. 外部中断举例和实训

下面的例子要实现的功能为：在执行流水灯程序（自左向右循环）过程中，由一按键控制在任意时刻插入一段灯光全亮全灭闪动 3 次的程序，该段程序执行完后，继续执行原来的程序。

（1）本例硬件可由项目 3 制作的最小系统和信号灯电路构成，硬件原理图如图 5.5 所示，其应用实例程序流程图如图 5.6 所示。

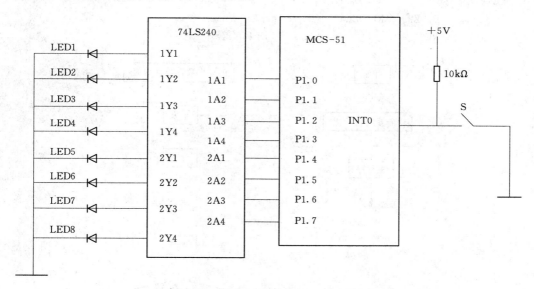

图 5.5　外部中断应用硬件原理图

（2）程序。

```
        ORG     0000H
        LJMP    MAIN            ;转主程序
        ORG     0003H
        LJMP    INTRU0          ;转 INTRU0 中断服务程序
MAIN:   CLR     IT0             ;电平触发方式
        SETB    EX0             ;开中断
        SETB    EA              ;开总中断
        MOV     A,#0FEH         ;初始化 A=0FEH
```

```
LOOP:        MOV     P1,A              ;点亮第1个发光二极管
             LCALL   DELAY             ;延时
             RL      A                 ;为下一个灯做准备
             SJMP    LOOP              ;主循环(流水灯循环)
             ORG     0200H             ;外部中断0中断服务程序
             MOV     R3,#03H           ;灯光亮灭闪动次数3
INTRU0:      MOV     P1,#0FFH          ;8个灯全灭
             LCALL   DELAY500MS        ;延时
             MOV     P1,#00H           ;8个灯全亮
             LCALL   DELAY500MS        ;延时
             DJNZ    R3,INTRU0         ;判断是否闪动了3次
             RETI                      ;中断返回
DELAY500MS:  MOV     R7,#200           ;延时子程序
DELY1:       MOV     R6,#123
             NOP
DELY2:       DJNZ    R6,DELY2
             DJNZ    R7,DELY1
             RET                       ;子程序返回
```

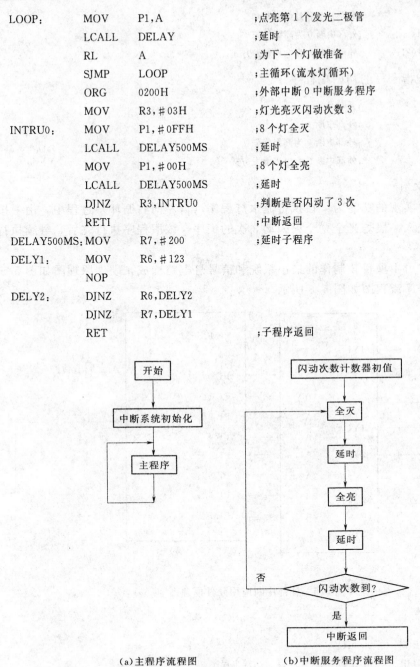

(a)主程序流程图   (b)中断服务程序流程图

图 5.6   应用实例程序流程图

（3）操作练习。可以通过两种方式进行调试：①通过仿真软件仿真调试；②在自制的实验板上调试。

由原理图 5.5 分析可知，当按键 S 合上时，单片机 P3.2 引脚（外部中断 0 的中断请求引脚）被拉为低电平，所以，可以确定外部中断 0 为低电平触发方式，按键每按下一次

76

则发出一次中断请求。

通过分析程序可知，在外部中断 0 的中断服务子程序入口地址 0003H 处，放了一条无条件转移指令 LJMP　INTRU0，表示当中断响应执行中断服务子程序时，由此条指令开始并跳转到真正的中断服务子程序存放位置去执行。指令中 INTRU0 代表真正中断服务子程序存放位置的符号地址（即 0200H）。

应注意中断服务子程序中最后一条指令必须是 RETI，CPU 执行这条指令后，保存在堆栈中的断点地址被恢复到程序计数器（排除）中，一次中断结束，程序返回原断点处继续执行。

MCS－51 单片机有 2 个外部中断请求输入端 INT0 和 INT1，当在实际的应用中，若外部中断源有 2 个以上，就需要扩充外部中断源。扩充外部中断的方法有以下两种。

1）用定时器扩充外部中断。MCS－51 单片机有两个定时器，具有两个内部中断标志和外部计数输入引脚。当定时器设置为计数方式，计数初值设为满量程 FFH，一旦外部信号从计数器引脚输入一个负跳变信号，计数器加 1 产生溢出中断，从而可以转去处理该外部中断源的请求。因此我们可以把外部中断源作边沿触发输入信号，接至定时器的 T0（P3.4）或 T1（P3.5）引脚上，该定时器的溢出中断标志及中断服务程序作为扩充外部中断源的标志和中断服务程序。

2）中断与查询相结合。利用 MCS－51 的两根外部中断输入线，每一中断输入线可以通过线或的关系连接多个外部中断源，同时利用输入端口线作为各中断源的识别线。

多外部中断连接法如图 5.7 所示。

有关中断服务程序如下：

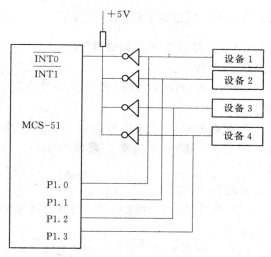

图 5.7　外部中断扩展

```
        ORG    0003H
        LJMP   INTRP0   ;中断服务程序入口
        ...    ......
INTRP0;PUSH  PSW   ;中断查询程序
        PUSH   A
        JB   P1.0,DV1
        JB   P1.1,DV2
        JB   P1.2,DV3
        JB   P1.3,DV4
EXIT;   POPA
```

```
                POPPSW
                RETI
DV1：          …
;装置 1 的中断服务程序
        AJMP  EXIT
DV2：          …
;装置 2 的中断服务程序
        AJMP  EXIT
DV3：          …
;装置 3 的中断服务程序
        AJMP  EXIT
DV4：          …
;装置 4 的中断服务程序
        AJMP  EXIT
```

5.3.2　单片机的定时/计数功能

5.3.2.1　方波信号发生器的设计

1. 问题的引出

要求用 MCS-51 单片机做信号发生器，产生周期为 1ms，即频率为 1kHz 的方波信号。

大家都知道，方波信号就是高低电平交替出现，而且高低电平维持时间相等的信号，因此要实现上述功能，需要产生 0.5ms 的定时，每当定时时间到时，信号取反即可。

定时实现有以下几种方法。

（1）软件实现。优点是定时时间可通过改变软件编程实现，但是占用 CPU 时间，工作效率低。

（2）纯硬件实现。采用纯硬件电路（如 555 定时器），优点是不占用 CPU 时间，但其定时时间要通过改变电路参数来实现，应用不灵活。

（3）采用单片机内部可编程定时器/计数器实现。可编程定时器/计数器同时具有软件定时和硬件定时的优点，应用非常广泛。

下面就来学习如何使用 MCS-51 单片机内部可编程定时器/计数器实现定时的功能。

2. 操作演示或跟着做

（1）我们在项目 3 制作的单片机最小系统板上，将信号灯电路板接到单片机的 P1 口，将编好的程序写入单片机中，接通电源。

（2）只用单片机最小系统板，将编好的程序（后面例题具体分析）写入单片机中，接通电源。

（3）也可用仿真软件仿真。

3. 观察现象

（1）可观察到接 P1.1 引脚的信号灯亮灭闪烁。

（2）用示波器从 MCS-51 单片机的 P1.1 引脚可观察到 1kHz 的方波信号。

4. 分析

通过以上现象进行分析可知，无论是信号灯的亮灭还是方波信号的高低电平维持的时间，都涉及了定时的问题。单片机是如何实现定时的功能的？单片机内部的可编程定时器/计数器的结构如何？实际应用中要做哪些工作？

5.3.2.2　单片机定时器/计数器结构

在实时控制系统中，经常需要有实时时钟以实现定时、延时控制，也常需要有计数功能以实现对外界脉冲（事件）进行计数。定时器/计数器是面向控制领域的单片机系统的一项极为重要的功能。

1. 定时器/计数器 T0、T1 的结构

MCS-51 系列单片机内部提供了两个可编程的定时器/计数器 T0 和 T1，它们可以用于定时或者对外部脉冲（事件）计数，还可以作为串行口的波特率发生器。定时器达到预定定时时间或者计数器计满数时，给出溢出标志，还可以发出内部中断。

MCS-51 单片机定时器/计数器结构如图 5.8 所示。

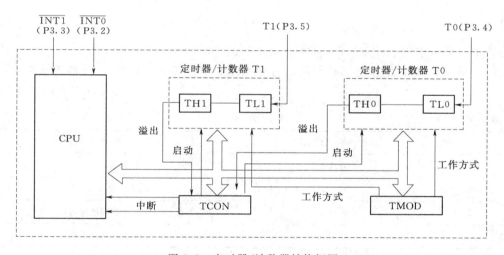

图 5.8　定时器/计数器结构框图

2. 定时器/计数器的工作原理

MCS-51 单片计算机内部设置的两个 16 位可编程的定时器/计数器 T0 和 T1，它们均有定时和计数功能。

T0 和 T1 的工作方式功能选择、定时时间、启动方式等均可以通过编程对相应特殊功能寄存器 TMOD 和 TCON 的设置来实现，计数器值也由软件命令设置于 16 位的计数寄存器中（TH0、TL0 或 TH1、TL1），计数器的工作是加 1 的计数器。

选择 T0 和 T1 工作在定时方式时，计数器对内部时钟机器周期数进行计数，即每个机器周期等于 12 个晶体振荡周期；选择 T0 和 T1 工作在计数方式时，计数脉冲来自外部输入引脚 T0 和 T1，用于对外部事件进行计数。当外部输入信号由 1 至 0 跳变时，计数器的值加 1。

3. 方式控制寄存器 TMOD（89H）

特殊功能寄存器 TMOD 为 T0、T1 的工作方式寄存器，其格式如图 5.9 所示。

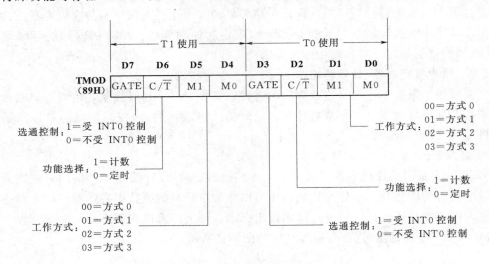

图 5.9 TMOD 各位的意义

其中：低 4 位用于控制 T0，高 4 位用于控制 T1。

（1）M1 和 M0：工作方式控制位，对应 4 种工作方式。定时器/计数器方式的选择见表 5.4。

表 5.4 工作方式选择表

M1 M0	工 作 方 式	功 能 描 述
0 0	方式 0	13 位计数器
0 1	方式 1	16 位计数器
1 0	方式 2	8 位自动重装计数初值计数器
1 1	方式 3	仅适用于 T0，分为 2 个独立的 8 位计数器

（2）$C/\overline{T}$：定时器/计数器功能方式选择位。

1）$C/\overline{T}=0$ 为定时器方式，计数脉冲由内部提供，定时器采用晶体脉冲的十二分频信号作为计数信号，也就是对机器周期进行计数。

2）$C/\overline{T}=1$ 为计数器方式，当用作外部事件计数时，计数脉冲为外部引脚 T0（P3.4）或 T1（P3.5），当输入脉冲电平由高到低的负跳变时，计数器加 1。

（3）GATE：门控位。

1）GATE=1 时，定时器/计数器的启动要由外部中断引脚 INTi 和 TRi 位共同控制。只有 INT0（或 INT1）引脚为高电平时，TR0 或 TR1 置"1"才能启动定时器/计数器。

2）GATE=0 时，定时器/计数器由软件设置 TR0 或 TR1 来控制启动。TRi=1，定时器/计数器启动开始；TRi=0，定时器/计数器停止工作。

4. 控制寄存器 TCON

控制寄存器 TCON 与定时器相关的位的定义如图 5.10 所示。

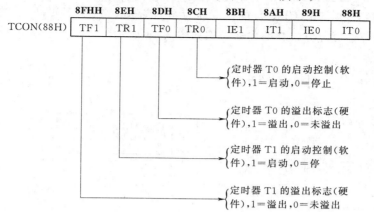

图 5.10　TCON 与定时器相关的位的定义

5.3.2.3　MCS - 51 单片机定时器/计数器计数初值的计算方法

使用定时器/计数器时必须计算初值。定时器/计数器通过软件对 TMOD 的 M1、M0 位设置四种不同的工作方式，每一种工作方式对应最大计数值见表 5.5。

表 5.5　　　　　　　　　　　　最 大 计 数 值 选 择 表

M1　M0	工 作 方 式	位 数 值	M1　M0	工 作 方 式	位 数 值
0　0	方式 0	$2^{13}=8192$	1　0	方式 2	$2^8=256$
0　1	方式 1	$2^{16}=65536$	1　1	方式 3	$2^8=256$

注　方式 3 时，定时器 T0 分成两个独立的 8 位计数器。

单片机的两个定时器/计数器均有两种功能，定时功能和计数功能。通过软件设置 TMOD 的 C/T 位选择定时或计数功能。

（1）定时功能的初值计算。选择定时功能时，由内部供给计数脉冲，是对机器周期进行计数。假设用 T 表示定时时间，对应的初值用 X 表示，所用计数器位数为 N，设系统时钟频率为 f_{osc}，则它们满足下列关系式

$$(2^N - X) \times \frac{12}{f_{osc}} = T$$

$$X = 2^N - \frac{f_{osc}}{12} T$$

（2）计数功能的初值计算。选择计数功能时，计数脉冲由外部 T0 或 T1 端引入，是对外部（事件）脉冲进行计数，因此计数值根据要求确定。N 是所用计数器的位数，它由 TMOD 中 M1、M0 两位设置确定。其计数初值为

$$X = 2^N - 计数值$$

5.3.2.4　MCS - 51 单片机定时器/计数器计数初值的计算方法

定时器/计数器 T0 有 4 种工作方式，而定时器/计数器 T1 只有 3 种工作方式。不同的工作方式的内部结构有所不同，功能上也有差别。

1. 工作方式0

方式0为13位定时器/计数器。此时，16位计数寄存器TH0、TL0（TH1、TL1）中，TH0（TH1）和TL0（TL1）的低5位存放计数值，TL0（TL1）中的高3位不用，从而构成了13位计数。方式0的内部结构如图5.11所示。

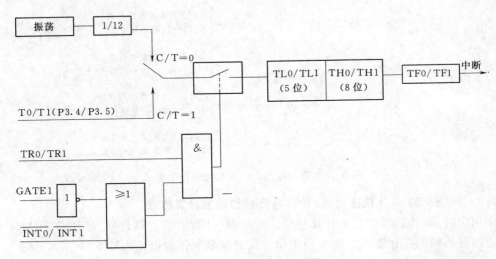

图5.11 方式0的内部结构图

【例5.1】 应用定时器T0产生1ms定时，并使P1.0输出周期为2ms的方波，已知晶体6MHz。

设定时器的计数初值为 X，则

$$(2^{13}-X)\times2\times10^{-6}=1\times10^{-3}$$

解得 $X=7692$。

13位二进制表示为 $X=1111000001100$

TH0=0F0H，TL0=0CH，利用查询TF0状态来控制P1.0端输出周期2ms的方波。

程序设计：

```
        ORG    0000H
        SJMP   MAIN
        ORG    0BH              ;写入初值
        SJMP   T0F              ;跳转到中断

MAIN:   MOV    TMOD,#00H        ;T0工作方式
        MOV    TH0,#0CH         ;初值高位
        MOV    TL0,#0F0H;       ;初值低位
        MOV    IE,#0FFH;
        SETB   TR0;
        SJMP   $                ;主程序循环
```

```
T0F:    MOV     TH0,#0CH              ;初值高位
        MOV     TL0,#0F0H;            ;初值低位
        CPL     P1.0                 ;P1.0取反
        RETI
        END
```

可以在 Proteus 软件中进行仿真，结果如图 5.12 所示。

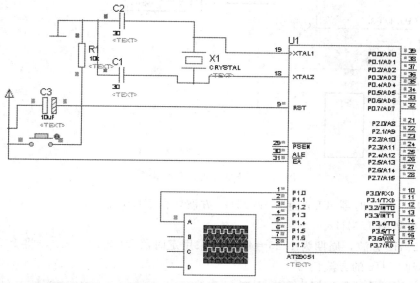

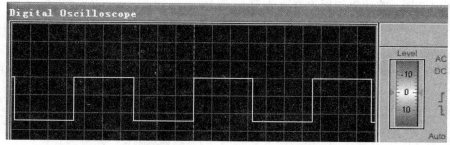

图 5.12　波形输出仿真

2. 工作方式 1

方式 1 的内部结构如图 5.13 所示。

方式 1 是 16 位定时器/计数器，其结构几乎与方式 0 完全相同，唯一的区别是计数器的长度为 16 位。

定时功能定时时间 T 为

$$T = (2^{16} - X) \times \frac{12}{f_{\text{osc}}}$$

计数初值 X 为

$$X = 2^{16} - T \times \frac{f_{\text{osc}}}{12}$$

计数功能计数初值 X 为

$$X = 2^{16} - 计数值$$

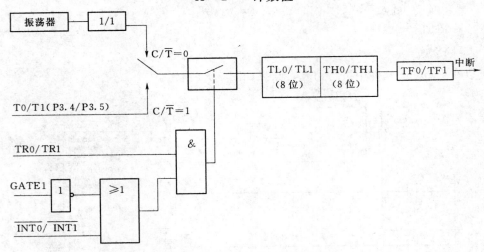

图 5.13 方式 1 的内部结构图

【例 5.2】 用定时器 T1 产生一个 25Hz 方波，由 P1.0 输出，采用查询方式进行控制，设定晶振频率 12MHz。

分析：25Hz 方波，周期为 1/25＝40ms，采用定时器 T1 定时 20ms，将 P1.0 取反一次，即可得到 25Hz 的方波信号。

设定时 20ms 的计数初值为 X，则有

$$T = (2^{16} - X) \times 1 \times 10^{-6} = 20 \times 10^{-3}$$
$$X = 45536 = B1E0H$$

程序设计如下：

```
        ORG    0000H
        SJMP   MAIN
        ORG    1BH              ;写入初值
        SJMP   T0F              ;跳转到中断

MAIN:   MOV    TMOD,#10H        ;T1 工作方式
        MOV    TH1,#0B1H        ;初值高位
        MOV    TL1,#0E0H        ;初值低位
        MOV    IE,#0FFH
        SETB   TR0
        SJMP   $                ;主程序循环
T0F:    MOV    TH1,#0B1H        ;初值高位
        MOV    TL1,#0E0H        ;初值低位
        CPL    P1.0             ;P1.0 取反
        RETI;
```

END;

可以在 Proteus 软件中进行仿真，结果如图 5.14 所示。

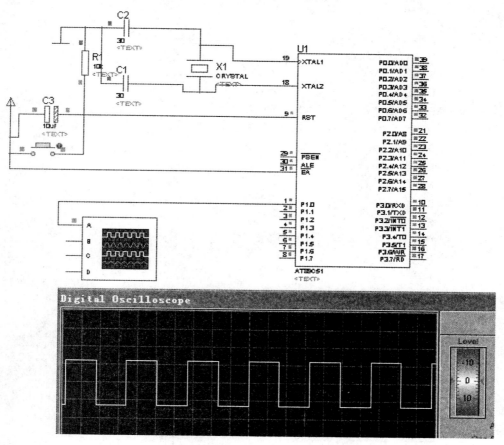

图 5.14　波形输出仿真

3. 工作方式 2

方式 2 的内部结构如图 5.15 所示。

方式 2 是能自动重装计数初值的 8 位计数器。方式 2 中把 16 位的计数器拆成两个 8 位计数器，低 8 位作计数器用，高 8 位用以保存计数初值。当低 8 位计数产生溢出时，将 TFi 位置 1，同时又将保存在高 8 位中的计数初值重新装入低 8 位计数器中，又继续计数，循环重复不止。

定时功能计数初值为

$$X = 2^8 - T \times \frac{f_{osc}}{12}$$

式中：T 为定时时间。

计数功能计数初值 $X = 2^8 -$ 计数值，初始化编程时，THi 和 TLi 都装入此 X 值。

【例 5.3】　用定时器 T1，采用工作方式 2 计数，要求每计满 156 次，将 P1.7 取反。

解：T1 工作于计数方式，外部计数脉冲由 T1（P3.5）引脚引入，每来一个由 1 至 0

的跳变计数器加 1，由程序查询 TF1 的状态。

计数初值　　　　　　　　　　　$X = 2^8 - 156 = 100 = 64H$

TH1＝TL1＝64H，TMOD＝60H（计数方式，方式 2）

程序设计：

```
            ORG     0000H
            SJMP    MAIN
            ORG     0BH         ;写入初值
            SJMP    T0F         ;跳转到中断
MAIN:       MOV     TMOD,#60H   ;T1 方式 2,计数方式
            MOV     TH1,#64H    ;T1 计数初值
            MOV     TL1,#64H
            MOV     IE,#0FFH
            SETB    TR0
            SJMP    $           ;主程序循环
T0F:        CPL     P1.0        ;P1.0 取反
            RETI
            END
```

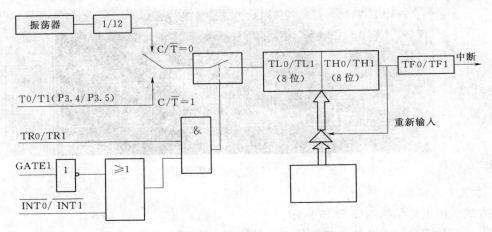

图 5.15　方式 2 的内部结构图

4. 方式 3

方式 3 的内部结构如图 5.16 所示。工作方式 3 对 T0 和 T1 是大不相同的。

若将 T0 设置为方式 3，TL0 和 TH0 被分成两个互相独立的 8 位计数器。其中 TL0 用原 T0 的各控制位、引脚和中断源，即 C/T，GATE、TR0、TF0 和 T0（P3.4）引脚、$\overline{INT0}$（P3.2）引脚。TL0 除仅用 8 位寄存器外，其功能和操作与方式 0（13 位计数器）、方式 1（16 位计数器）完全相同。TL0 也可设置为定时器方式或计数器方式。

TH0 只有简单的内部定时功能。它占用了定时器 T1 的控制位 TR1 和 T1 的中断标志位 TF1，其启动和关闭仅受 TR1 的控制。

（1）定时器 T1 无工作方式 3 状态，若将 T1 设置为方式 3，就会使 T1 立即停止计

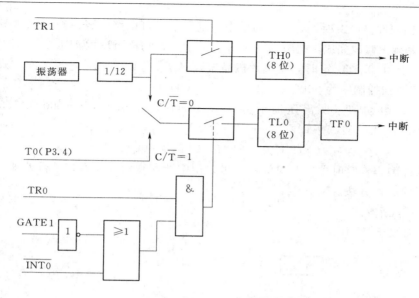

图 5.16　方式 3 的内部结构图

数，也就保持原有的计数值，其作用相当于使 TR1=0，封锁与门，断开计数开关 K。

（2）在定时器 T0 用作方式 3 时，T1 仍可设置为方式 0～2。由于 TR1 和 TF1 被定时器 T0（TH0）占用，计数器开关 K 已被接通，此时仅用 T1 控制位切换其定时器或计数器工作方式就可使 T1 运行。寄存器（8 位、13 位或 16 位）溢出时，只能将输出送入串行口或用于不需要中断的场合。在一般情况下，当定时器 T1 用作串行口波特率发生器时，定时器 T0 才设置为工作方式 3。此时，常把定时器 T1 设置为方式 2，用作波特率发生器。

5.3.2.5　MCS-51 单片机定时器应用训练

1. 定时器初始化设计

MCS-51 单片机的定时器/计数器都是可编程的，在使用定时器/计数器进行定时或计数之前，必须要通过软件对 TMOD、TCON、TH0、TL0、TH1、TL1、IE 等几个相关特殊功能寄存器进行初始化。初始化包括以下内容。

（1）根据需要确定工作方式，形成相应的中断控制字，对方式寄存器 TMOD 初始化。

（2）根据实际定时或计数的需要，以及所选择的工作方式，计算计数初值，对计数器 TH0、TL0、TH1、TL1 进行初始化。

（3）根据需要开放相应的中断，对中断控制寄存器 IE 进行初始化。

（4）启动定时/计数器工作，即对定时器/控制器控制寄存器 TCON 进行初始化。

2. 定时器应用举例和实训

下面的例子中，要求用 MCS-51 单片机做信号发生器，产生周期为 1ms 即频率为 1kHz 的方波信号，产生的方波信号从单片机的 P1.1 引脚输出。

要实现上述功能，通过单片机定时器/计数器产生 0.5ms 的定时，每当定时时间到时，P1.1 信号取反即可。

（1）本例硬件仍可由项目 3 制作的最小系统和信号灯电路构成，硬件原理图在图 5.14 所示电路的基础上修改完成，把图 5.14 的 P1.0 与示波器连线修改为 P1.1 与示波器连线。

采用 T0 产生 0.5ms 定时，设单片机晶振频率 $f_{osc}=12MHz$，选择工作方式 1。

1）确定方式控制字为 00000001B，即（TMOD）=01H。

2）计算计数初值（所需定时时间为 $T=500T_0$）。$X=2^{16}-500=65536-500=65036=FE0CH$，即

$$（TH0）=FEH，（TL0）=0CH$$

（2）软件编程。定时器定时时间到，可采用中断和查询两种方式进行处理，下面介绍两种方式下的编程方法。

1）采用中断方式。

流程图如图 5.17 所示。

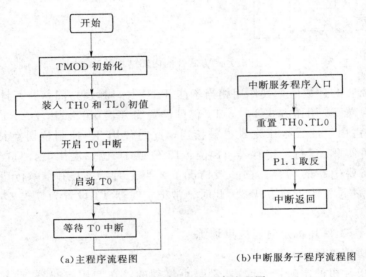

(a)主程序流程图　　　　(b)中断服务子程序流程图

图 5.17　中断方式程序流程图

程序清单如下：

	ORG	0000H	
	LJMP	MAIN	;转主程序
	ORG	000BH	;T0 中断服务子程序入口地址
	LJMP	DINGSHI	;转中断服务程序
	ORG	0100H	;主程序起始地址为 0100H
MAIN:	MOV	TMOD,#01H	;置 TMOD 控制字
	MOV	TH0,#0FEH	;TH0 置初值
	MOV	TL0,#0CH	;TL0 置初值
	SETB	EA	;开总中断
	SETB	ET0	;开 T0 中断
	SETB	TR0	;启动 T0
	SJMP	$	;等待中断，虚拟主程序

DINGSHI：	MOV	TH0,#0FEH	;重装 TH0 初值
	MOV	TL0,#0CH	;重装 TL0 初值
	CPL	P1.1	;方波输出端 P1.1 取反
	RETI		;中断返回
	END		

2）采用查询方式。查询方式流程图如图 5.18 所示。

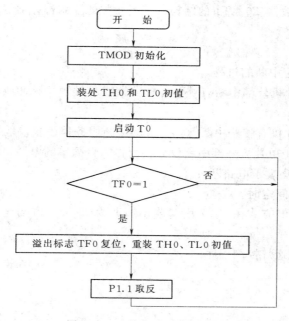

图 5.18　查询方式程序流程图

程序清单如下：

	ORG	0000H	
	LJMP	MAIN	;转主程序
	ORG	0100H	;主程序起始地址为 0100H
MAIN：	MOV	TMOD,#01H	;置 TMOD 控制字
	MOV	TH0,#0FEH	;TH0 置初值
	MOV	TL0,#0CH	;TL0 置初值
	SETB	TR0	;启动 T0
LOOP：	JBC	TF0,LOOP1	;判断有溢出转 LOOP1,TF0 清 0
	AJMP	LOOP	;未溢出,继续查询
LOOP1：	MOV	TH0,#0FEH	;重装 TH0 初值
	MOV	TL0,#0CH	;重装 TL0 初值
	CPL	P1.1	;方波输出端 P1.1 取反
	AJMP	LOOP	;重复循环
	END		

89

（3）操作练习。可以通过仿真软件仿真调试和在自制的实验板上调试。

用示波器从 MCS-51 单片机的 P1.1 引脚可观察到 1kHz 的方波信号。

项 目 5 小 结

中断是计算机的一项重要技术。本章主要让大家了解中断的相关概念及单片机中断系统的组成；掌握外部中断的边沿触发方式和电平触发方式；掌握定时器、计数器的技术脉冲来源，定时器、计数器 T0、T1 的结构；掌握相关的控制寄存器的使用。

习   题

1. 叙述 CPU 响应中断的过程。

2. MCS-51 单片机外部中断有哪两种触发方式？对触发脉冲或电平有什么要求？如何选择和设定？

3. MCS-51 单片机有哪些中断源？对应的中断服务程序入口地址是什么？

4. 试用 MCS-51 单片机外部中断设计并制作一台简单的电路通断检测器，用红灯亮表示电路接通，绿灯亮表示电路断开。

5. 如何实现长时间定时？

6. 使用单片机定时方式在 P1.7 引脚输出周期为 20ms，占空比为 1∶10 的连续脉冲信号。

7. 编写和调试交通灯控制程序。

项目6　交通灯键盘、显示实现

【学习目标】

1. 专业能力目标：能根据硬件电路性能要求，正确选择键盘接口方式；能根据硬件电路性能要求，正确选择LED数码管显示的接口方式；能合理设计LED点阵显示模块。

2. 方法能力目标：掌握单片机键盘接口电路设计和编程方法；掌握单片机LED数码管接口电路设计和编程方法；掌握单片机点阵LED显示电路设计和编程方法。

3. 社会能力目标：培养认真做事、细心做事的态度。

【项目导航】

本项目主要以交通灯系统为项目载体，学习单片机键盘接口电路结构、LED数码管接口电路结构、LED点阵显示电路结构以及其编程方法。

任务6.1　交通灯键盘设计

【任务导航】

以交通灯项目为载体，介绍交通灯键盘接口设计以及其控制方式。

应用单片机设计交通灯系统，要求实现：紧急情况按下按键，使东西南北四个方向红灯，10s后再恢复按下按键前的状态。

在现实生活中，交通灯系统是保持我们正常交通秩序的重要工具。但是，难免会出现紧急情况，需要进行交通管制，突发情况又是随机不可预测的。本系统设计了一个紧急按钮来应对紧急情况的发生。

硬件电路设计如图6.1所示。

按键一端接到了单片机的P3.3引脚，一端接地。当按键被按下时，P3.3引脚被拉为低电平，如果按键没有被按下，P3.3则为高电平。P3.3复用功能为外部中断1功能，当按键被按下产生了电平的变化，从而触发单片机的外部中断1中断响应。单片机进入中断子程序执行紧急情况程序。

控制程序如下：

```
        ORG    ˙000H
        LJMP   MAIN
        ORG    0013H        ;外部中断1中断向量地址
        LJMP   INTRU1
MAIN：  CLR    IT1          ;设置外部中断1触发方式
        SETB   EX1          ;打开外部中断1功能
        SETB   EA           ;打开总开关
```

```
            ···
            ···
            LJMP    MAIN

INTRU1:     MOV     P1,♯55H          ;南北方向红灯全部点亮
            MOV     P2,♯55H          ;东西方向红灯全部点亮
            LCALL   DELAY_10s        ;延时显示红灯10s
            RETI

DELAY_10s： ···                       ;10s的延时
            ···
```

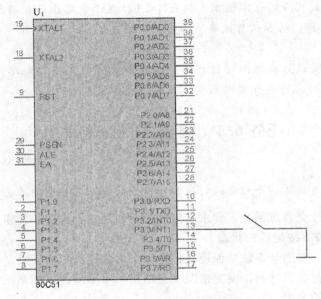

图6.1　AT89C51单片机外观

任务6.2　交通灯倒计时显示

【任务导航】

以交通灯项目为载体，介绍交通灯LED数码管显示电路设计以及倒计时显示功能的实现方式。

应用单片机设计一交通灯系统，实现：交通灯系统实现倒计时的功能。

在现实生活中，交通灯系统具有倒计时显示功能会让人们等待指示灯时更直观和人性化。所以倒计时显示功能已经是现在交通灯系统不可或缺的功能。要实现倒计时的显示，一般方案都是选择LED数码管的显示电路利用单片机的程序控制实现。LED数码管在工业和生活中应用非常广泛，掌握LED数码管的显示原理和控制方法是非常有必要的。

硬件电路设计如图6.2所示。

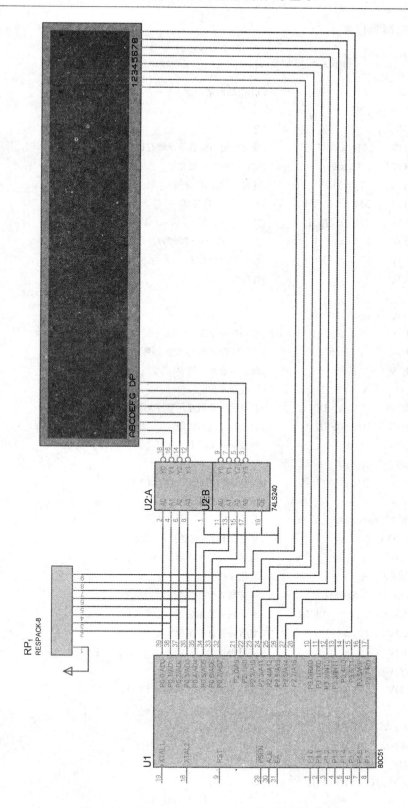

图 6.2 交通灯倒计时能硬件电路设计图

60s 倒计时控制程序如下：

```
        ORG     0000H
        SJMP    START
        ORG     1BH             ;T1 中断向量地址
        LJMP    T1F
START：
        MOV     30H,#06H        ;倒计时初始数值显示缓存区
        MOV     40H,#60         ;倒计时内容初始化
        MOV     R7,#50          ;计时 1s 使用的变量
        MOV     TMOD,#10H       ;设置 T1 工作方式
        MOV     TH1,#0B1H       ;TH1=(65536-20000)/256 初始化计数值 TH1
        MOV     TL1,#0E0H       ;TL1=(65536-20000)%256 初始化计数值 TL1
        MOV     IE,#0FFH        ;打开中断总开关
        SETB    TR1             ;计时开始
LOOP：
        MOV     R0,#30H
        MOV     39H,#0FEH       ;指向低位显示的位码
        MOV     DPTR,#TAB       ;段码表起始地址送至 DPTR
        MOV     A,@R0           ;取显示缓冲区内容
        ANL     A,#0FH          ;屏蔽高 4 位
        MOVC    A,@A+DPTR       ;查段码表获取显示数字的段码
        MOV     P2,#0FFH        ;对数码管进行消隐
        MOV     P0,A            ;将段码送 P0 口
        MOV     A,39H
        MOV     P2,A            ;取显示字符的位码送至 P2 口
        RL      A               ;位码左移一位
        MOV     39H,A           ;位码回存
        ACALL   DELAY           ;延时,LED 发光的反应时间
        MOV     A,@R0           ;取显示缓冲区内容
        SWAP    A               ;高低 4 位交换
        ANL     A,#0FH          ;屏蔽高 4 位
        MOVC    A,@A+DPTR       ;查段码表获取显示数字的段码
        MOV     P2,#0FFH        ;对数码管进行消隐
        MOV     P0,A            ;将段码送 P0 口
        MOV     A,39H
        MOV     P2,A            ;取显示字符的位码送至 P2 口
        RL      A               ;位码左移一位
        MOV     39H,A           ;位码回存
        ACALL   DELAY           ;延时,LED 发光的反应时间
        JMP     LOOP
TAB：    DB 0c0H,0F9H,0A4H,0B0H,99H
```

```
        DB 92H,82H,0F8H,80H,90H
DELAY:
        MOV     R3,♯10H
DEL:
        DJNZ    R3,DEL
        RET
T1F:
        MOV     TH1,♯0B1H    ;TH1=(65536-20000)/256 初始化计数值 TH1
        MOV     TL1,♯0E0H    ;TL1=(65536-20000)%256 初始化计数值 TL1
        DEC     R7           ;循环次数减 1
        MOV     A,R7         ;给累加器 A 赋值
        JNZ     YY           ;判断循环次数是否结束(1s 是否达到)
        MOV     R7,♯50       ;循环 50 次,50*20ms=1s
        DEC     40H          ;1s 时间到,倒计时数值减 1
        MOV     A,40H
        MOV     B,♯10        ;给 B 赋值 10
        DIV     AB           ;A 除以 B 得到时间十位数和个位数
        SWAP    A            ;A 的高低 4 位交换
        ORL     A,B          ;A 或 B,合并时间数值
        SWAP    A            ;A 的高低 4 位交换
        MOV     30H,A        ;把得到的时间值存放显示缓冲区
        MOV     A,40H
        JNZ     YY           ;判断 60s 计时是否结束
        MOV     40H,♯61      ;倒计时内容重新初始化
YY:     RETI
        END
```

任务 6.3　单片机键盘、显示知识

【任务导航】

以交通灯项目为载体,介绍键盘接口电路设计原理、LED 数码管结构以及显示电路设计原理。

6.3.1　键盘接口设计

在单片机应用系统中,键盘是一个很关键的部件,它为实现人机对话的输入提供了一种基本途径。用户可以通过键盘实现向计算机输入数据、传送命令等功能,是人工干预计算机的主要手段。除了复位按键有专门的复位电路及专一的复位功能外,其他按键都是以开关状态来设置功能或输入数据的。当所设置的功能键或数字键按下时,计算机应用系统应完成该按键所设定的功能,按键信息输入是与软件结构密切相关的过程。键盘是按照不同的用途及复杂程度来设计的,在结构上分为独立式按键和矩阵式键盘两种类型。

1. 独立式按键的硬件电路结构及工作原理

在单片机控制系统中，如果需要按键个数较少或功能要求较为简单时，可采用独立式按键结构。独立式按键是直接利用 I/O 口线构成的单个按键电路。使用较少的 I/O 口作为独立式按键的输入口，直接与单片机连接。其特点是每个按键单独占用一根 I/O 口线，每个键的工作不会影响其他 I/O 口线的状态。

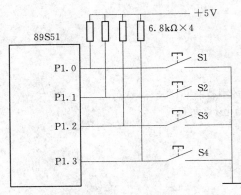

图 6.3　独立式按键应用电路

独立式按键的电路如图 6.3 所示。4 个按键使用 4 个 I/O 口，将每个按键的输入端上拉后（如 I/O 口内部带有上拉电阻的可不接外置上拉电阻）与单片机的 I/O 口相连，另一端接地。这种键盘电路的工作原理非常简单，当键未被按下时，与此键相连的 I/O 口线为高电平；当键被按下时，与此键相连的 I/O 口线为低电平。单片机只要判断相应的 I/O 口的电平状态，即可识别有无键按下。

2. 独立式按键的软件结构

对于这种独立式按键电路程序可以采用循环查询的方法。单片机在进行键处理时，首先读 I/O 口状态并判断是否有键按下，如果有键按下，则等待 10ms 以消除抖动，然后再读 I/O 口状态并再一次判断是否有键按下，若仍有键按下，则认为键盘上有键处于稳定的闭合状态，这时即可逐个检测按键的状态，并执行与所按下的键相对应的键处理子程序；若第二次判断时无键按下，则认为第一次是键抖动或干扰引起的，属于误判。

独立式按键处理流程图如图 6.4 所示。

独立式按键处理程序如下：

```
        ORG     0000H
        MOV     P1,#0FFH
START： MOV     A,P1            ;读 I/O 口状态
        ANL     A,#0FH         ;屏蔽没有用到的高 4 位
        CJNE    A,#0FH,NEXT1   ;判断是否有键按下
        SJMP    START          ;无键按下返回
NEXT1： ACALL   DELAY          ;延时 10ms 消除抖动
        MOV     A,P1           ;再读 I/O 口状态
        ANL     A,#0FH         ;屏蔽没用到的高 4 位
        CJNE    A,#0FH,NEXT2   ;再判断是否有键按下
        AJMP    START          ;无键按下返回
NEXT2： JB      P1.0,NEXT3     ;S1 按下?
        ACALL   KEY1           ;转 S1 键处理子程序
        AJMP    START          ;返回
NEXT3： JB      P1.1,NEXT4     ;S2 按下?
        ACALL   KEY2           ;转 S2 键处理子程序
```

```
            AJMP    START           ;返回
NEXT4：JB    P1.2,NEXT5           ;S3 按下?
      ACALL  KEY3                ;转 S3 键处理子程序
            AJMP    START           ;返回
NEXT5：JB    P1.3,START          ;S4 按下?
      ACALL  KEY4                ;转 S4 键处理子程序
            AJMP    START           ;返回
KEY1：  …                         ;S1 键处理子程序
      RET
KEY2：  …                         ;S2 键处理子程序
      RET
KEY3：  …                         ;S3 键处理子程序
      RET
KEY4：  …                         ;S4 键处理子程序
      RET
DELAY：  …
```

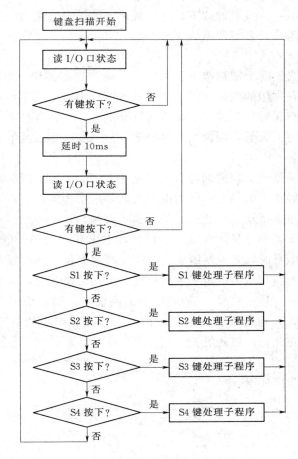

图 6.4　独立式按键处理流程图

3. 矩阵式键盘的硬件电路结构及工作原理

矩阵式键盘又称行列式键盘，往往用于按键个数较多的场合，矩阵式键盘的按键位于行、列的交叉点上，每条水平线和垂直线在交叉处不直接连通，而是通过一个按键加以连接。如图6.5所示。

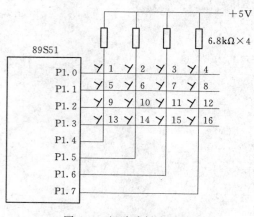

图6.5 矩阵式键盘电路

由图6.5可知，一个4×4的行、列结构可以构成一个含有16个按键的键盘，由此可见，在按键数量较多时，矩阵式键盘要比独立式按键键盘节省很多I/O口。

矩阵式键盘结构显然比独立式按键结构复杂，识别也要复杂一些。在图6.5中，列线P1.4～P1.7通过上拉电阻接正电源，并将行线P1.0～P1.3所接的单片机I/O口作为输出端，而列线所接的I/O口则作为输入端。编程使所有行线输出低电平，列线输出高电平。当没有键被按下时，所有的输入端为高电平，表示无键按下；一旦有键按下，则出现输入线被拉低变为低电平。这样，通过读入列线的状态即可知道是否有键按下。

4. 矩阵式键盘的软件结构

要确认矩阵式键盘上哪个键被按下常采用行（或列）扫描法，又称为逐行（或逐列）扫描查询法，这是一种常用的按键识别方法，具体可分为以下三个步骤：

（1）判断键盘中有无键按下。将全部行线置低电平，列线置高电平，然后检测列线的状态，只要有一列的电平为低，则说明有键按下，如列线全部为高电平，则说明没有键被按下。

（2）去除键的机械抖动。识别到键盘上有键按下后，延时一段时间（大约10ms）后，再重复上述第一步的操作，如仍有列线的电平为低，则认为键盘上有键处于稳定的闭合状态，否则认为第一次是键抖动或干扰引起的，属于误判。

（3）如有键被按下，则寻找闭合键所在位置，求出其键代码。依次将行线置低电平，即在置某根行线为低电平时，其他行线置高电平，再逐列检测各列线的电平状态。若某列为低电平，则说明该列线与置为低电平的行线交叉处的暗箭就是闭合的按键，从而求出此键的键代码（键代码＝行号＋列号）。如列线全为高电平，则表明闭合键不在此行，再将下一根行线置低电平，其他行线置高电平，再逐列检测各列线的电平状态。用同样的方法，检查闭合键是否在此行，依此类推。

（4）程序清单。

矩阵式按键处理程序如下：

```
;*********************************************
;按键扫描程序
;*********************************************
LSCAN:    MOV    P3,＃0F0H    ;开放所以列为1,所以行为0
```

```
L1：      JNB        P3.0,L2          ;判断第一行有无按键按下
          LCALL      DELAY1           ;延时消抖
          JNB        P3.0,L2          ;再次判断第一行有无按键按下
          MOV        LINE,#00H        ;如有置行号0
          LJMP RSCAN                  ;跳转到 RSCAN
L2：      JNB        P3.1,L3          ;判断第二行有无按键按下
          LCALL      DELAY1           ;延时消抖
          JNB        P3.1,L3          ;再次判断第二行有无按键按下
          MOV        LINE,#01H        ;如有置行号0
          LJMP       RSCAN            ;跳转到 RSCAN
L3：      JNB        P3.2,L4
          LCALL      DELAY1
          JNB        P3.2,L4
          MOV        LINE,#02H
          LJMP       RSCAN
L4：      JNB        P3.3,LLL
          LCALL      DELAY1
          JNB        P3.3,LLL
          MOV        LINE,#03H


RSCAN：   MOV        P3,#0FH          ;开放所以列为0,所以行为1
C1：      JNB        P3.4,C2          ;判断第一列有无按键按下
          MOV        ROW,#01H         ;如有置列号1
          LJMP       CALCU
C2：      JNB        P3.5,C3
          MOV        ROW,#02H
          LJMP       CALCU
C3：      JNB        P3.6,C4
          MOV        ROW,#03H
          LJMP       CALCU
C4：      JNB        P3.7,C1
          MOV        ROW,#04H


CALCU：   MOV        A,LINE           ;计算按键键号
          MOV        B,#04H
          MUL        AB
          ADD        A,ROW
          DA A                        ;十进制调整
          ...
LLL：     RET
```

5. 按键的去抖动设计

在单片机应用系统中，为了降低成本，通常采用触点式按键，由于机械触点的弹性作

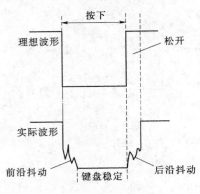

图 6.6 抖动的产生

用，在按键闭合和断开的瞬间均有一个抖动过程，如图 6.6 所示。抖动时间的长短与开关的机械特性有关，一般为 5～10ms。常用的去抖动方法主要有以下两种。

（1）硬件去抖动。方法是在按键和 I/O 口之间加一个 RS 触发器（可用与非门构成或集成 RS 触发器 74LS121），只有当按键真正被按下时，才能输出稳定的波形，如图 6.7 所示。

（2）软件去抖动。方法是在 CPU 检测到有键被按下时，执行一个 10ms 左右的延时子程序，然后再检测一次键盘是否真的有键按下。

（a）单稳态电路

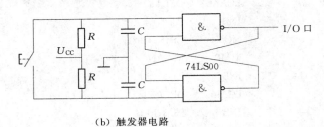

（b）触发器电路

图 6.7 机械触点的去抖动措施

6. 4×4 键盘制作

在前面已经做好了最小系统板，只要设计一个键盘电路，接上前面的最小系统板，即可完成相关的键盘实验，加深对键盘电路的理解和提高自身的编程水平。由于独立式按键电路按键个数较少，所以在这里制作一个比较常见的 4×4 键盘电路，如图 6.8 所示。只要把 JP1 和 JP2 插座接到最小系统板即可。由于只制作一个矩阵式键盘电路比较简单，因此可以直接采用万能板或用 Protel 软件画 PCB 图制作线路板焊接。

6.3.2 LED 数码显示器接口设计

1. 概述

显示器件是单片机应用系统中最基本、最常用的输出设备，用户可以利用显示器件显示各种信息，实现人机对话的输出。

显示器件种类比较多，常用的有发光二极管（Lighting Emitted Diode，LED）显示器、液晶（Liquid Crystal Display，LCD）显示器、CRT 显示器等。由于 LED 显示器具有显示清晰、亮度高、寿命长、价格便宜等优点，所以使用非常广泛。

（1）LED 显示器的结构。LED 显示器内部由 8 个发光二极管组成。其中 7 个长条形的发光管排列成"日"字形，另一个圆点形的发光管在显示器的右下角用来显示小数点。LED 显示器能显示 0～9 数字及部分英文字母。在 LED 显示器中，通常将各段发光二极管的阴极或阳极连在一起作为公共端，这样可以简化驱动电路。因此，LED 显示器内部的连接方式有共阳极接法和共阴极接法。发光二极管的阳极连在一起称为共阳极接法，发光二极管的阴极连在一起称为共阴极接法，如图 6.9 所示。

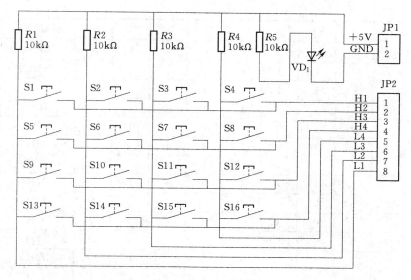

图 6.8　4×4 矩阵式键盘电路

（2）LED 显示器的显示工作原理。共阴极结构和共阳极结构的 LED 显示器各笔画段和位置是相同的。当发光二极管导通时，相应的笔画段被点亮，由发亮的笔画段组合显示各种字符 8 个笔画段 dp、g、f、e、d、c、b、a 对应于一个字节（8 位）的 D7、D6、D5、D4、D3、D2、D1、D0，所以用 8 位的二进制代码就可以表示显示字符的字形代码。比如，对于共阴 LED 显示器，当公共阴极接地（为低电平），而阳极

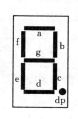

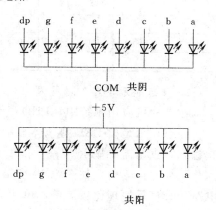

图 6.9　LED 显示器

dp、g、f、e、d、c、b、a 各段分别为 01110110 时，显示器显示"H"字符，即对于共阴 LED 显示器，"H"字符的字形代码是 76H；如果是共阳 LED 显示器，显示"H"字符的字形代码是 10001001（89H）。

表 6.1 是 LED 数据位和字形的对应关系表。

表 6.1　　　　　　　　　　数据位和字形的对应关系表

数据位 显示字符	D7	D6	D5	D4	D3	D2	D1	D0	共阴 LED	共阳 LED
	dp	g	f	e	d	c	b	a	字形码	字形码
0	0	0	1	1	1	1	1	1	3FH	C0H
1	0	0	0	0	0	1	1	0	06H	F9H
2	0	1	0	1	1	0	1	1	5BH	A4H
3	0	1	0	0	1	1	1	1	4FH	B0H

续表

数据位 显示字符	D7	D6	D5	D4	D3	D2	D1	D0	共阴 LED 字形码	共阳 LED 字形码
	dp	g	f	e	d	c	b	a		
4	0	1	1	0	0	1	1	0	66H	99H
5	0	1	1	0	1	1	0	1	6DH	92H
6	0	1	1	1	1	1	0	1	7DH	82H
7	0	0	0	0	0	1	1	1	07H	F8H
8	0	1	1	1	1	1	1	1	7FH	80H
9	0	1	1	0	1	1	1	1	6FH	90H
A	0	1	1	1	0	1	1	1	77H	88H
B	0	1	1	1	1	1	0	0	7CH	83H
C	0	0	1	1	1	0	0	1	39H	C6H
D	0	1	0	1	1	1	1	0	5EH	A1H
E	0	1	1	1	1	0	0	1	79H	86H
F	0	1	1	1	0	0	0	1	71H	8EH
P	0	1	1	1	0	0	1	1	73H	8CH
-	0	1	0	0	0	0	0	0	40H	BFH
.	1	0	0	0	0	0	0	0	80H	7FH
灭	0	0	0	0	0	0	0	0	00H	FFH

2. 静态显示电路的结构及原理

在单片机应用系统中，LED 显示器常用的显示方式有静态显示和动态显示两种。

静态显示是指 LED 显示器显示某一字符时，相应段的发光二极管处于恒定导通或截止状态，直至需要显示下一个字符为止。静态显示又分为并行输出和串行输出两种形式。

（1）并行输出。如图 6.10 所示，这是一个由单片机的 P1 口驱动 1 位 LED 显示器的电路。其显示原理比较简单，单片机只要把需要显示的字形代码送到 P1 口，显示字形就可以一直显示，直到更新 P1 口的字形代码为止。

（2）串行输出。电路如图 6.11 所示，采用串行输出可以大大节省单片机的 I/O 口资源。该电路用 74LS164 将单片机所输出的串行数据转换成并行数据输出给 LED 显示器。其中 TXD 为移位时钟输出，RXD 为移位数据输出，P1.0 作为显示器允许位控制输出。每次能输出 2 字节的段码数据。并且依据此方法，还可以做多位 LED 的串行输出显示。其工作原理比较复杂，这里不作介绍。

3. 静态显示电路的软件结构

图 6.10 所示的并行输出的 1 位共阴 LED 静态显示电路比较简单，程序也不复杂。如编程将 A 中的数（0～9 之间）在 LED 上显示出来。

程序：

```
MOV  DPTR，#TAB      ;把字形代码表的首地址送 DPTR
MOVC  A，@A+DPTR      ;查表
MOV  P1，A           ;字形代码送 A
```

```
    SJMP    $
TAB： DB   3FH,06H,5BH,4FH,66H,6DH,7DH,07H,7FH,6FH   ;字形代码表
```

这种电路的优点是占用 CPU 的时间少、显示稳定、硬件和软件都比较简单，缺点是占用较多的 I/O 口资源，适用于 LED 显示器较少的场合。

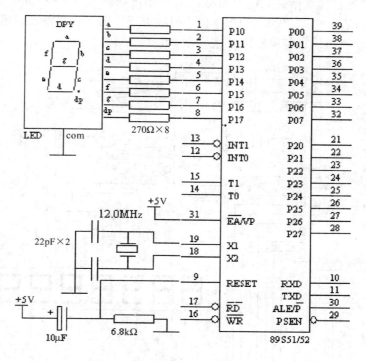

图 6.10　并行输出的 1 位 LED 显示器电路

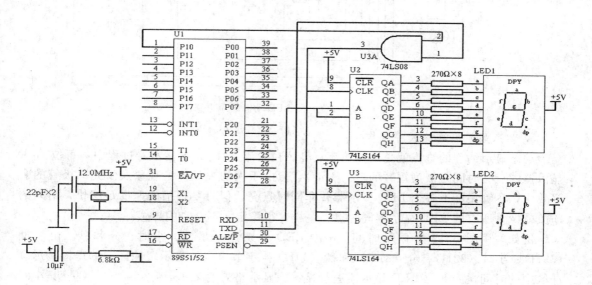

图 6.11　串行输出的 2 位共阳 LED 静态显示电路

4. 动态显示电路的结构及原理

动态显示就是逐位轮流点亮各位 LED 显示器（即扫描）。动态显示电路是单片机中应用最为广泛的显示方式之一，适用于 LED 显示器较多的场合。电路如图 6.12 所示。其特点是把所有 LED 显示器的 8 个笔画段（a~dp）中相同的段连在一起，而每一个 LED 显示器的公共极则各自独立地受 I/O 口控制，CPU 输出段码（字形码）时，所有的 LED 显示器收到相同的段码，但究竟哪个 LED 亮，则取决于位码（公共极）的电平（即 I/O 口单独控制），所以就可以自行决定何时显示哪一位了。

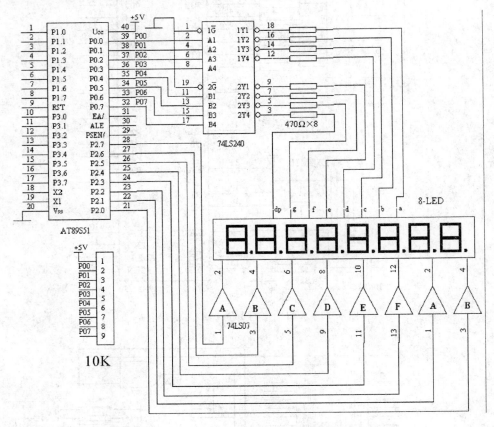

图 6.12　8 位共阴 LED 动态显示电路

5. 动态显示电路的软件结构

动态显示编程的难点就是逐位轮流点亮。在轮流点亮 LED 显示器过程中，每位 LED 显示器的点亮时间是极为短暂的（约 1ms），但由于人的视觉停留现象及发光二极管的余晖效应，尽管实际上各个 LED 显示器并非同时点亮，但只要扫描的速度足够快，给人的印象就像是所有的 LED 显示器同时点亮一样，很稳定，不会有闪烁感。

例如，用图 6.12 来显示时间。8 位 LED 分别显示星期、小时、分和秒。由星期（33H）、小时（32H）、分（31H）和秒（30H）4 字节组成的显示缓冲区。编程将显示缓冲区中的时间送到 8 位 LED 显示器进行显示。显示格式为 ×-×××××× （星期-小时分秒）。假设显示缓冲区中已有时间信息。

其程序流程如图 6.13 所示。

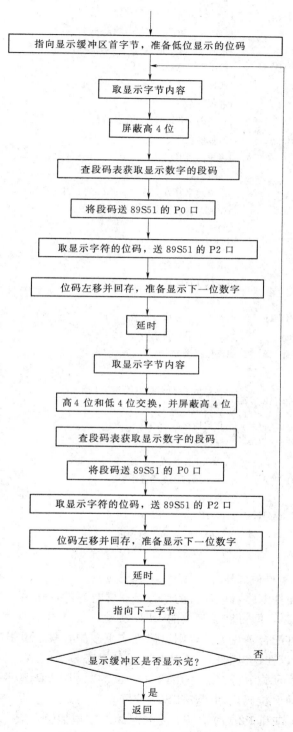

图 6.13　LED 动态显示流程图

程序如下：

```
XS：   MOV  R3,#4              ;存放扫描需要显示的位数
       MOV  R0,#30H            ;指向显示缓冲区首字节地址
       MOV  39H,#0FEH          ;指向低位显示的位码
       MOV  DPTR,#TAB          ;段码表首地址送 DPTR
NEXT： MOV  A,@R0              ;取显示字节内容
       ANL  A,#0FH            ;屏蔽高 4 位
       MOVC A,@A+DPTR          ;查段码表获取显示数字的段码
       MOV  P2,#0FFH           ;对数码管进行消隐
       MOV  P0,A               ;将段码送 P0 口
       MOV  A,39H
       MOV  P2,A               ;取显示字符的位码,送 89S51 的 P2 口
       RL   A                  ;位码左移
       MOV  39H,A              ;位码回存
       ACALL DELAY             ;延时
       MOV  A,@R0              ;取显示字节内容
       SWAP A                  ;高低 4 位交换
       ANL  A,#0FH            ;屏蔽高 4 位
       MOVC A,@A+DPTR          ;查段码表获取显示数字的段码
       MOV  P2,#0FFH           ;对数码管进行消隐
       MOV  P0,A               ;将段码送 P0 口
       MOV  A,39H
       MOV  P2,A               ;取显示字符的位码,送 89S51 的 P2 口
       RL   A                  ;位码左移
       MOV  39H,A              ;位码回存
       ACALL DELAY             ;延时
       INC  R0                 ;指向下一字节
       DJNZ R3,NEXT            ;显示缓冲区是否显示完?
       RET                     ;返回
TAB：  DB  0C0H,0F9H,0A4H,0B0H,99H
       DB  92H,82H,0F8H,80H,90H,0BFH
DELAY：…
```

6. 8 位 LED 显示器的制作

通过动手制作硬件电路对单片机的学习是非常有利的，在最小系统板的基础上，设计一个 LED 显示器电路，即可完成相关的 LED 实验，加深对 LED 电路的理解和提高自身的编程水平。如果再配合键盘电路，则可以完成更多的实验。由于静态显示电路不适合多个 LED 显示器，所以在这里制作一个比较常见的动态显示电路。如图 6.14 所示。这是一个 8 位 LED 显示器的显示电路。采用两个 4 位的共阴 LED 显示器（数码管），段码用 74LS240 作反相驱动，位码用两个 74LS07 作同相驱动。JP1 和 JP2 插座接到最小系统板上的 I/O 口（如 P0 口和 P2 口），JP3 接电源。由于电路连线比较复杂。因此最好采用 protel 软件画 PCB 图制作线路板。

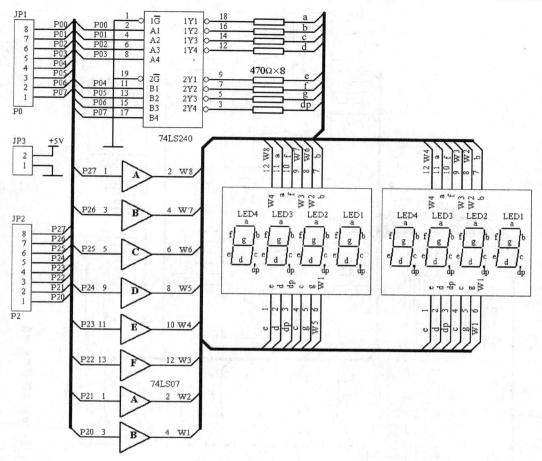

图 6.14　8位 LED 动态显示

7. 抢答器设计

（1）设计要求。设计并制作以 AT89S51 为核心并具有如下功能的抢答器。

1）时间倒计时，精度为 10ms。

2）抢答成功后显示该抢答键号，倒计时停止，并用蜂鸣器鸣示。

3）时间倒计到 0 都无人抢答，则抢答结束。

（2）设计方案。

1）计时。利用 51 单片机内部的定时/计数器进行中断定时，配合软件计数实现对秒和毫秒的计时。

2）键盘/显示。前面已经设计了键盘电路和 LED 显示器电路，直接利用即可。开始抢答时，右边的 4 位 LED 显示器显示正在倒计的时间（精度为 10ms），有人抢答成功时，左边的 2 位 LED 显示器显示所按的键号，剩下的 2 位 LED 显示器显示"－－"。

3）控制。上电后系统自动进入抢答准备，LED 显示器的显示格式为"00 －－ 10 00"，从 10s 开始倒计时。用"START"键控制抢答。时间倒计到 0 时需要重新开始启动抢答。基本上达到一般抢答器的功能要求。

（3）硬件设计。16 路抢答器的硬件电路如图 6.15 所示。

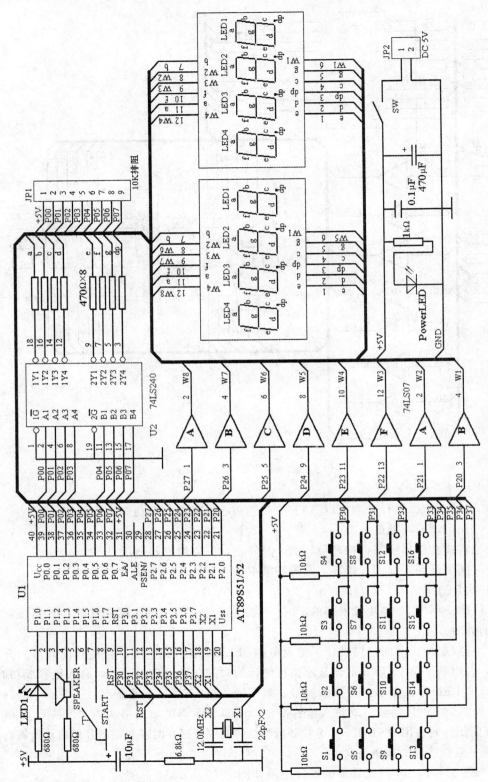

图 6.15　16 路抢答器硬件电路

（4）软件设计。

主程序流程如图 6.16 所示。

中断服务子程序流程图如图 6.17 所示。

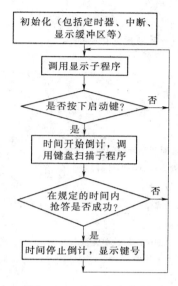

图 6.16　主程序流程图

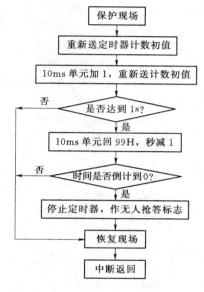

图 6.17　10ms 中断服务子程序流程图

16 路抢答器程序如下：

```
LINE      EQU       34H
ROW       EQU       35H
          F1 EQU 66H
          ORG       0000H
          AJMP      START
          ORG       000BH          ;T0 中断入口地址
          AJMP      EXET0          ;转入 T0 中断服务程序
          ORG       0010H
START：    MOV       40H,#10        ;100 次 10ms 为 1s
          MOV       SP,#60H        ;修改堆栈指针
          MOV       30H,#00H       ;毫秒存放单元,默认 0ms
          MOV       31H,#10H       ;秒存放单元,默认 10s
          MOV       32H,#0AAH      ;显示"- "
          MOV       33H,#00H       ;键号存放单元,默认 0
          MOV       DPTR,#TAB      ;段码表首地址送 DPTR
          MOV       TMOD,#01H      ;采用 T0,软件启动,定时方式,工作模式 1
          MOV       TL0,#0F0H
          MOV       TH0,#0D8H      ;10ms 定时计数初值
          MOV       P1,#0FFH       ;键盘指示灯熄灭,蜂鸣器停止
```

```
            SETB    EA                  ;CPU 允许中断
            SETB    ET0                 ;T0 允许中断
            CLR     F1                  ;清除抢答成功或时间倒计时间到 0 的标志
            CLR     TR0                 ;停止 T0
MAIN:       ACALL   DISPLAY             ;调用 LED 显示子程序
            SETB    P1.6
            JB      P1.6,MAIN           ;判断启动键是否按下,无键按下则返回
            SETB    P1.3                ;停止蜂鸣器
            MOV     30H,#00H
            MOV     31H,#10H            ;倒计时间从 10s 开始
            MOV     33H,#00H
            SETB    TR0                 ;启动 T0
            CLR     F1                  ;清除抢答成功或时间倒计时间到 0 的标志
QD:         JB      F1,MAIN             ;判断是否抢答成功或时间倒计时间到 0(1 有效)
            ACALL   LSCAN               ;调用键盘扫描子程序
            ACALL   DISPLAY             ;调用 LED 显示子程序
            SJMP    QD                  ;返回循环扫描键盘
DISPLAY:    MOV     R3,#4               ;R3 存放需要显示的时间地址单元数
            MOV     R0,#30H             ;R0 指向时间的首地址单元
            MOV     39H,#0FEH           ;逐位显示的位码
NEXT:       MOV     A,39H
            MOV     P2,A                ;低 4 位位码(个位)输出
            RL      A
            MOV     39H,A               ;左移位码指向下一地址单元并回存
            MOV     A,@R0               ;取出时间的低 4 位信息
            ANL     A,#0FH              ;屏蔽高 4 位获得相应的段码偏移量
            MOVC    A,@A+DPTR           ;查表取得相应的段码
            MOV     P0,A                ;段码输出
            ACALL   DELAY               ;延时
            MOV     A,39H
            MOV     P2,A                ;高 4 位位码(十位)输出
            RL      A
            MOV     39H,A               ;左移位码指向下一地址单元并回存
            MOV     A,@R0               ;取出时间的低 4 位信息
            SWAP    A                   ;高低 4 位互换
            ANL     A,#0FH              ;屏蔽高 4 位获得相应的段码偏移量
            MOVC    A,@A+DPTR           ;查表取得相应的段码
            MOV     P0,A                ;段码输出
            ACALL   DELAY               ;延时
            INC     R0                  ;指向下一地址单元两位数码管做一次显示
            DJNZ    R3,NEXT             ;4 个地址显示是否完毕
            NOP
```

```
            NOP
            RET      ;子程序返回
;*********************************
;按键扫描程序
;*********************************
LSCAN：     MOV     P3,#0F0H
L1：        JNB     P3.0,L2
            LCALL   DELAY1
            JNB     P3.0,L2
            MOV     LINE,#00H
            LJMP    RSCAN
L2：        JNB     P3.1,L3
            LCALL   DELAY1
            JNB     P3.1,L3
            MOV     LINE,#01H
            LJMP    RSCAN
L3：        JNB     P3.2,L4
            LCALL   DELAY1
            JNB     P3.2,L4
            MOV     LINE,#02H
            LJMP    RSCAN
L4：        JNB     P3.3,LLL
            LCALL   DELAY1
            JNB     P3.3,LLL
            MOV     LINE,#03H

RSCAN：     MOV     P3,#0FH
C1：        JNB     P3.4,C2
            MOV     ROW,#01H
            LJMP    CALCU
C2：        JNB     P3.5,C3
            MOV     ROW,#02H
            LJMP    CALCU
C3：        JNB     P3.6,C4
            MOV     ROW,#03H
            LJMP    CALCU
C4：        JNB     P3.7,C1
            MOV     ROW,#04H

CALCU：     MOV     A,LINE              ;计算键号
            MOV     B,#04H
            MUL     AB
```

```
                ADD     A,ROW
                DA      A
                CJNE    A,#00H,LOPOP        ;判断键值
LLL:            RET


LOPOP:          MOV     33H,A               ;所按键的键号送 33H
                CLR     P1.3                ;抢答成功,蜂鸣器响
                SETB    F1                  ;抢答成功标志置 1(1 有效)
                CLR     TR0                 ;抢答成功,停止 T0
KEYWAIT:ACALL   DISPLAY                     ;在等待键松开的同时也要调用 LED 显示
                MOV     P3,#0F0H
                MOV     A,P3
                CJNE    A,#0F0H,KEYWAIT     ;判断键是否松开
                SETB    P1.0                ;键盘指示灯熄灭
                NOP
                NOP
                RET


EXET0:          PUSH    Acc                 ;累加器 A 进栈保存
                MOV     TH0,#0D8H
                MOV     TL0,#0F0H           ;T0 重装初值(10ms)
                MOV     A,30H
                CJNE    A,#00H,MS1          ;判断当前是否是 0ms
                MOV     A,31H
                CJNE    A,#0,MS0            ;判断当前是否是 0s
                CLR     TR0                 ;倒计时间到,停止 T0
                SETB    F1                  ;倒计时间到标志置 1(1 有效)
                AJMP    EXIT
MS0:            MOV     30H,#99H            ;30H 中的数值返回 99H
                AJMP    MIAO                ;转移到秒减 1
MS1:            ANL     A,#0FH
                CJNE    A,#00H,MS2          ;判断 30H 的低 4 位为 0 而高 4 位不为 0
                MOV     A,30H
                CLR     CY
                SUBB    A,#7                ;减法的十进制调整
                MOV     30H,A
                AJMP    EXIT
MS2:            DEC     30H                 ;累计 10ms 的单元直接减 1
                AJMP    EXIT
MIAO:           MOV     A,31H
                CJNE    A,#10H,MIAO1        ;判断当前是否是 10s
                MOV     31H,#09H
```

```
            AJMP    EXIT
MIAO1：      DEC     31H                          ;秒直接减 1
EXIT：       POP     Acc                          ;累加器 A 数据还原
            NOP
            NOP
            RETI                                 ;中断返回

DELAY：      MOV     R7,＃255                      ;LED 显示延时
DIR：        NOP
            NOP
            DJNZ    R7,DIR
            RET                                  ;子程序返回

DELAY1：     MOV     R6,＃10
D1：         MOV     R7,＃250
            DJNZ    R7,$
            DJNZ    R6,D1
            RET
TAB：        DB  0C0H,0F9H,0A4H,0B0H,99H,92H,82H,0F8H,80H,90H,0BFH      ;段码表
            END
```

（5）电路仿真运行结果。对上述电路用 Proteus 软件进行仿真，其结果如图 6.18～图
6.20 所示。

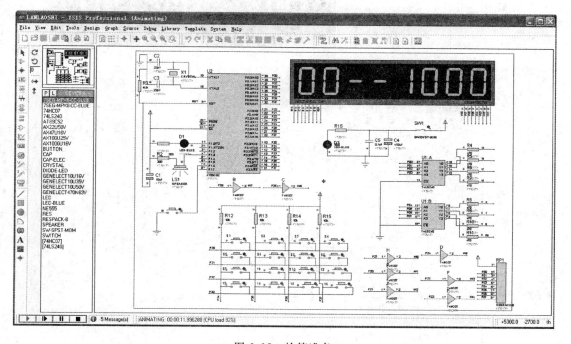

图 6.18　抢答准备

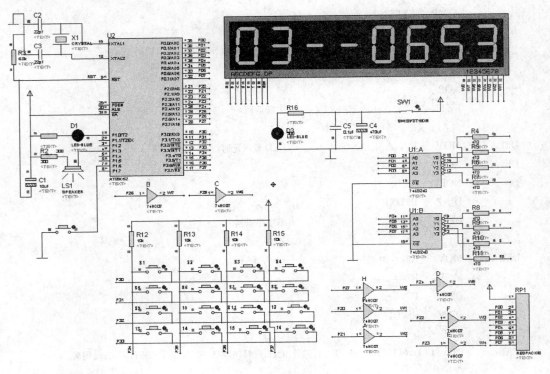

图 6.19　3 号抢答成功

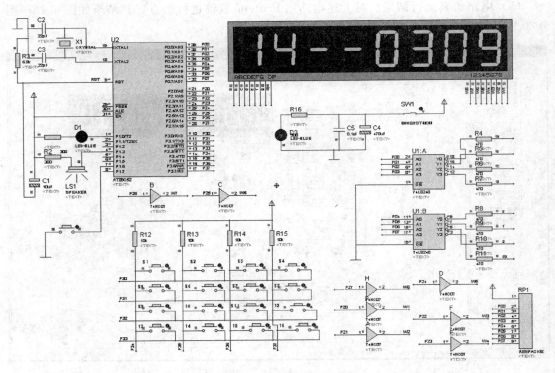

图 6.20　14 号抢答成功

电路仿真运行的结果说明该电路的硬件和软件的设计是基本正确和可行的。

6.3.3 LED 点阵显示屏设计

在单片机应用系统中,数码管的数字显示在某些需要图形和文字显示的场合满足不了需求。而 LED 点阵显示屏正好能弥补数码管的缺陷,实现图形文字的显示。LED 点阵显示屏也能实现图形文字的滚动效果,更加的生动。近年来,LED 点阵显示屏已成为众多显示媒体以及户外作业显示的电子工具,广泛地应用于车站、宾馆、金融、证券、邮电、体育等广告发布或交通运输等行业。

1. 8×8LED 点阵显示屏的结构

8×8LED 点阵显示屏结构如图 6.21 所示。

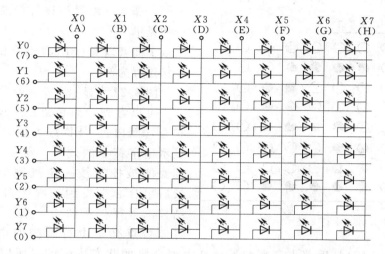

图 6.21 8×8LED 点阵显示屏结构图

点阵 LED 显示屏利用发光二极管构成的点阵模块或像素单元组成。从图中可以看出,8×8 点阵显示屏共需要 64 个发光二极管组成,每个发光二极管都是放置在行线和列线的交叉点上,当对应的某一行置 1 电平,某一列置 0 电平,则行列交叉处相应的二极管就被点亮。例如,要点亮第一行中左起第一个 LED 灯,那么 Y0 引脚为 1,X0 引脚为 0,该 LED 灯导通 LED 灯就被点亮。通过控制各行和各列上的电平状态,可以点亮 64 个 LED 灯中的任意一个。每一个行引脚电平或者每一个列引脚的电平控制着对应的某一行或者某一列 LED 灯亮灭状态。那么,可以通过控制行列的电平状态,实现同一行或者同一列中不同位置的 LED 灯点亮。

2. 8×8LED 点阵显示屏的显示原理

LED 点阵显示屏一般使用逐行扫描法来实现显示。逐行扫描法,是利用人眼的视觉暂留现象让人看到稳定的图文结果。逐行扫描法是把需要显示的文字或者图形以逐行的形式,依次从 0 行到 7 行给高电平,其他行给低电平。从而,某一时刻只有一行的 LED 灯能被点亮,此时 8 根列线上根据显示需要给出电平状态,点亮此行的对应的 LED 灯。在小于视觉残留时间内,从 0 行到 7 行,依次逐行扫描并且每行上由列线状态控制该行的某些 LED 灯点亮，由于人眼的视觉残留效果，人眼看到的 7 行依次点亮的 LED 灯好像是同一时刻点亮的。那么，只要逐行点亮的 LED 灯位置上构成了文字或者图形的形状，人眼看到的结果就是显示屏上显示了文字或图形。在软件编程时，8 根列线的电平状态用列状态控制字，以 8 位（1 字节）的数据形式存放在列表中，每 1 个字节控制着一行 LED 灯亮灭的状态。

3. 8×8LED 点阵逐行扫描显示实例

通过 1 中对点阵 LED 的结构分析学习，我们知道 8×8LED 点阵显示屏是由 64 个 LED 灯组成 64 个像素点的显示屏。每个 LED 灯为一个像素点，而每一个像素点 LED 灯的亮灭状态由该 LED 灯上交叉行列引脚的电平决定的。当显示屏要实现显示一个特殊字符时，每一行上的 LED 灯亮灭状态不一定一样，那么一般通过逐行扫描法来实现字符的显示。

下面就以 8×8LED 点阵显示数字 2 的工作过程为例。

图 6.22 为显示字符 2 的效果图。

可以看到，黑色点的 LED 灯是点亮状态，而白色 LED 灯为熄灭状态。要能显示出字符 2 的效果，每一行的 LED 灯都要能被控制按一定规则的状态点亮，最后组合起来得到一幅字符图形的显示结果。逐行扫描法中，某一行中的 LED 灯能否点亮是由行引脚的电平决定的，

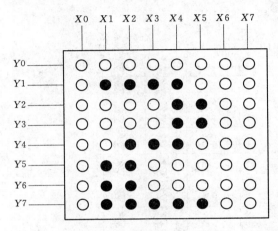

图 6.22 字符 2 显示结果

而该行中 8 个 LED 灯哪些点亮那些不亮是由列引脚的状态决定的。所以，要让某一行的 LED 灯点亮，就必须让该行引脚电平为 1（高电平）。然后，再通过控制 8 个列引脚电平的状态来决定该行 8 个 LED 灯的亮灭状态。这样就把该行需要显示的 LED 灯按照需要的状态点亮。

以下为点阵 LED 显示屏用行扫描方式实现显示数字 2 的扫描过程。

注：$X0 \sim X7$ 的 8 条列线状态字编码：$X0$ 为最低位，$X7$ 为最高位。

（1）$Y0$ 行上的 LED 灯不需要点亮。所以扫描 $Y0$ 行时，$Y0$ 置 0，不显示。此时 LED 显示屏状态如图 6.23 所示。

（2）$Y1$ 行上的 LED 灯需要点亮。所以扫描 $Y1$ 行时，$Y1$ 置 1，显示。该行需要显示 $X1 \sim X4$ 4 盏灯，所以 8 条列线上状态字为：11100001B。此时 LED 显示屏状态如图 6.24 所示。

（3）$Y2$ 行上的 LED 灯需要点亮。所以扫描 $Y2$ 行时，$Y2$ 置 1，显示。该行需要显示 $X4$、$X5$ 两盏灯，所以 8 条列线上状态字为 11001111B。此时 LED 显示屏状态如图 6.25 所示。

（4）$Y3$ 行上的 LED 灯需要点亮。所以扫描 $Y3$ 行时，$Y3$ 置 1，显示。该行需要显示 $X4$、$X5$ 两盏灯，所以 8 条列线上状态字为 11001111B。此时 LED 显示屏状态如图 6.26

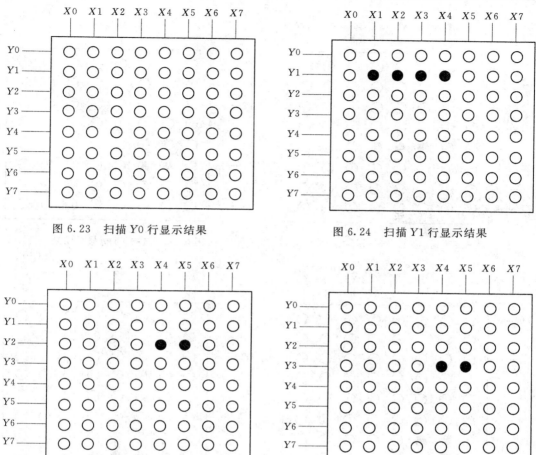

图 6.23　扫描 $Y0$ 行显示结果

图 6.24　扫描 $Y1$ 行显示结果

图 6.25　扫描 $Y2$ 行显示结果

图 6.26　扫描 $Y3$ 行显示结果

所示。

（5）$Y4$ 行上的 LED 灯需要点亮。所以扫描 $Y4$ 行时，$Y4$ 置 1，显示。该行需要显示 $X2$～$X4$ 3 盏灯，所以 8 条列线上状态字为 11100011B。此时 LED 显示屏状态如图 6.27 所示。

（6）$Y5$ 行上的 LED 灯需要点亮。所以扫描 $Y5$ 行时，$Y5$ 置 1，显示。该行需要显示 $X1$、$X2$ 两盏灯，所以 8 条列线上状态字为 11111001B。此时 LED 显示屏状态如图 6.28 所示。

（7）$Y6$ 行上的 LED 灯需要点亮。所以扫描 $Y6$ 行时，$Y6$ 置 1，显示。该行需要显示 $X1$、$X2$ 两盏灯，所以 8 条列线上状态字为 11111001B。此时 LED 显示屏状态如图 6.29 所示。

（8）$Y7$ 行上的 LED 灯需要点亮。所以扫描 $Y7$ 行时，$Y7$ 置 1，显示。该行需要显示 $X1$～$X5$ 5 盏灯，所以 8 条列线上状态字为 11000001B。此时 LED 显示屏状态如图 6.30 所示。

以上的行扫描过程中，从 $Y0$ 行到 $Y7$ 行的扫描周期 T 很短。当扫描周期 T 小于人眼

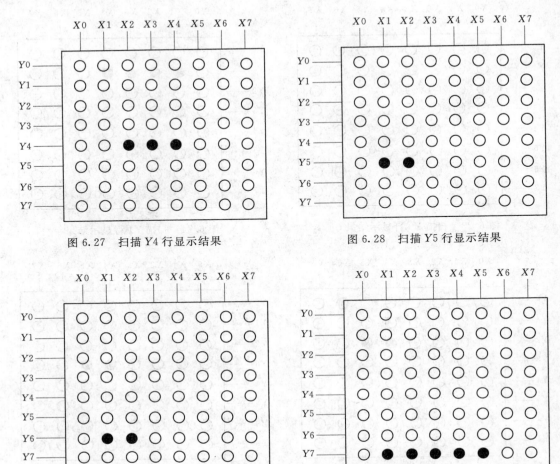

图 6.27 扫描 Y4 行显示结果　　　　图 6.28 扫描 Y5 行显示结果

图 6.29 扫描 Y6 行显示结果　　　　图 6.30 扫描 Y7 行显示结果

的视觉暂留时间时，那么人眼看到的 8 幅扫描的图片的过程，就会因为人眼的视觉暂留效果产生出好像 8 行的 LED 灯都是同时点亮的。最后，人眼看到的现象就是如图 6.31 的结果。通过上面的例子，可见使用行扫描的方式只要列线控制字改变就可以在点阵 LED 屏上显示出我们需要的数字或者图片。

4. 8×8LED 点阵显示屏的接口电路设计

逐行扫描，每次点亮一行 LED 灯。每一行有 8 个 LED 灯，最大需要供电电流为 8×10mA＝80mA。单片机 I/O 口无法提供如此大的电流能力，也不能承受此灌电流的能力。所以，在驱动行端使用了 74LS245 做电流驱动，列端用反向缓冲器做驱动器。接口电路如图 6.31 所示。

5. 8×8LED 点阵显示屏的显示控制

结果：实现先点亮全屏再分别点亮奇数行偶数行，然后依次显示 0 到 9 数字。程序流程图如图 6.32 所示。

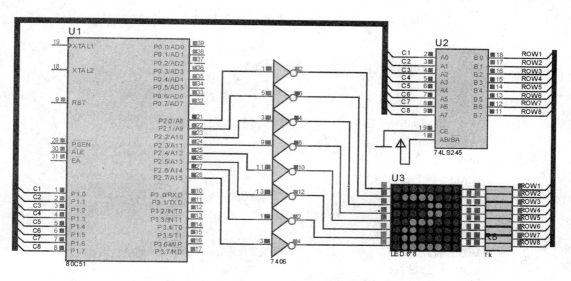

图 6.31　8×8LED 点阵显示屏结构图

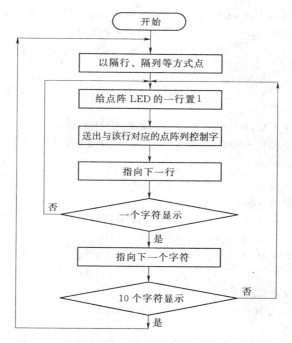

图 6.32　LED 点阵显示流程图

控制程序如下：

```
ROW_VAL EQU 30H        ;逐行扫描缓存区
DOT_PTR EQU 31H        ;列控制字
ORG  0000H
LJMP  START
```

```
            ORG   0100H
START:
            CLR  EA
            MOV  P1,#0FFH              ;P1 高电平
            MOV  P2,#0FFH              ;P2 高电平
            LCALL PUB_DELAY_1S         ;延时 1s
            MOV  P1,#00H               ;P1 低电平,关显示
            LCALL PUB_DELAY_1S
            MOV  P1,#0FFH
            LCALL PUB_DELAY_1S
            MOV  P1,#55H               ;P1 奇数位高电平,奇数行开显示
            MOV  P2,#0FFH
            LCALL PUB_DELAY_1S
            MOV  P1,#0AAH              ;P1 偶数位高电平,偶数行开显示
            MOV  P2,#0FFH
            LCALL PUB_DELAY_1S

            MOV  DPTR,#DOT_SMALL       ;把 DOT_SMALL 表的地址给 DPTR
            MOV  P1,#00H               ;P1 低电平,关显示
            MOV  R5,#10                ;控制 0~9 十个数的循环显示
DISP_NEXT_CHAR:
            MOV  R6,#200               ;逐行扫描次数
DISP_ONE_CHAR:
            MOV  ROW_VAL,#01H          ;初始化行扫描
            MOV  DOT_PTR,#00H          ;初始化列控制字寻址
            MOV  R7,#8                 ;逐行扫描行数
DISP_DOT_CHAR:
            MOV  A,ROW_VAL
            MOV  P1,A                  ;行扫描状态送 P1
            RL   A                     ;下一行扫描
            MOV  ROW_VAL,A             ;回存行扫描状态

            MOV  A,DOT_PTR
            MOVC A,@A+DPTR             ;取列控制字
            MOV  P2,A                  ;列状态送 P2
            LCALL PUB_DELAY_1MS        ;显示稳定延时
            INC  DOT_PTR               ;指向下一控制字
            DJNZ R7,DISP_DOT_CHAR      ;循环判断
            DJNZ R6,DISP_ONE_CHAR      ;循环判断
            MOV  A,DPL                 ;表地址低 4 位传 A
            ADD  A,#8                  ;指向下一组列控制字
            MOV  DPL,A
```

```
        MOV   A,DPH
        ADDC  A,#0                      ;带进位加,防止数据出错
        MOV   DPH,A                     ;表地址高 4 位回存
        DJNZ  R5,DISP_NEXT_CHAR         ;显示个数控制判断
        LJMP  START
PUB_DELAY_1S：                          ;延时 1s
        PUSH  ACC
        PUSH  B
        MOV   A,#4
PD1S_0：
        MOV   B,#0FAH
PD1S_1：
        LCALL PUB_DELAY_1MS
        DJNZ  B,PD1S_1
        DEC   A
        JNZ   PD1S_0
        POP   B
        POP   ACC
        RET
PUB_DELAY_1MS：                         ;延时 1ms
        PUSH  ACC
        CLR   A
PD1_0：
        NOP
        INC   A
        CJNE  A,#0E4H,PD1_0
        POP   ACC
        RET
DOT_SMALL：                             ;列控制字表
        DB  00H,1CH,36H,36H,36H,36H,36H,1CH  ;0
        DB  00H,18H,1CH,18H,18H,18H,18H,18H  ;1
        DB  00H,1EH,30H,30H,1CH,06H,06H,3EH  ;2
        DB  00H,1EH,30H,30H,1CH,30H,30H,1EH  ;3
        DB  00H,30H,38H,34H,32H,3EH,30H,30H  ;4
        DB  00H,1EH,02H,1EH,30H,30H,30H,1EH  ;5
        DB  00H,1CH,06H,1EH,36H,36H,36H,1CH  ;6
        DB  00H,3EH,30H,18H,18H,0CH,0CH,0CH  ;7
        DB  00H,1CH,36H,36H,1CH,36H,36H,1CH  ;8
        DB  00H,1CH,36H,36H,36H,3CH,30H,1CH  ;9
        END
```

项目 6 小结

键盘及 LED 显示器是单片机应用系统中经常使用的外部设备之一，同时也是单片机 I/O 端口的典型应用。掌握这部分内容对提高单片机的设计能力非常有帮助。

如果需要按键个数较少或功能要求较为简单时，可采用独立式按键结构。直接与 I/O 口连接；在按键个数较多的场合，为了减少 I/O 口的占用，往往采用矩阵式键盘。

LED 数码管显示器作为主要的显示器件，使用非常广泛，在 LED 数码管显示器较少的场合，一般采用静态显示，其优点是占用 CPU 的时间少、显示稳定、程序比较简单，缺点是占用较多的 I/O 口资源；动态显示电路是单片机中应用最为广泛的显示方式之一。适用于 LED 数码管显示器较多的场合。其优缺点与静态显示刚好相反。可根据实际应用来选择。

LED 点阵显示屏优点是能显示不同形态的文字和图像，在实际运用中多数运用在需要显示图形化的领域，同时 LED 点阵显示屏能方便拼接形成大的显示屏。在需要宽屏显示的领域也非常适用。

习　　题

1. LED 数码管显示器有哪两种结构？它们是如何进行编程的？

2. 什么是静态显示方式？它有什么特点？

3. 什么是动态扫描显示？如何连线？它有什么特点？

4. 独立式按键和矩阵式键盘的工作原理是什么？各有什么特点？

5. 修改前面的倒计时钟程序，以扩展系统的功能，让系统具有定时功能，当时间走到预设定的时间时，电路将启动外设（用发光二极管代替）工作。可以控制某些设备的启动和停止，达到自动控制的目的，具有一定的实用性。

6. 试在前面 8×8LED 点阵前提下，设计一个 16×16 的点阵显示屏并显示滚动文字。

项目 7　交通灯串口通信实现

【学习目标】

1. 专业能力目标：能根据系统性能要求编写程序；会使用仿真软件和相关开发工具。

2. 方法能力目标：掌握单片机系统开发的方法；掌握根据产品设计的需要选择程序设计语言及方法。

3. 社会能力目标：培养认真做事、细心做事的态度；培养团队协作精神。

【项目导航】

本项目主要以交通灯项目为载体，了解串行口通信的应用。

任务 7.1　交通灯系统与 PC 机间的通信

【任务导航】

以交通灯项目为载体，介绍交通灯系统与 PC 机通信的原理与方法。

1. 硬件设计

AT 89C51 单片机的串行口经 MAX232 电平转换后，与 PC 机串行口相连，如图 7.1 所示。

2. 程序设计

程序流程图如图 7.2 所示。

3. 源程序

假设单片机向 PC 发送字符"30"，源程序如下：

```
            EXTRN    CODE(_Display_Digital,_Delay_nms)
            ORG      0000H
            LJMP     MAIN
            ORG      0023H
            LJMP     ES_HANDLER
            ORG      0050H
MAIN:       SETB     ES
            MOV      SCON,#50H
            MOV      TMOD,#20H
            MOV      TH1,#0FDH        ;设定时钟频率为 11.0592MHz,波特率为 9600
            SETB     TR1
            MOV      DPTR,#STRING
            SETB     EA
LOOP1:      CLR      A
```

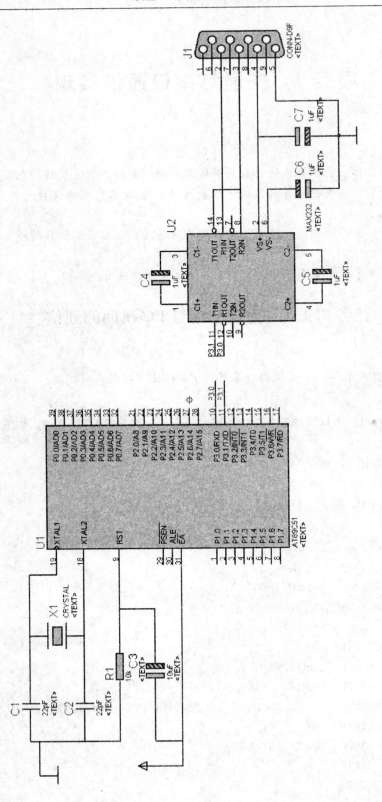

图 7.1　单片机向 PC 发送文字的电路原理图

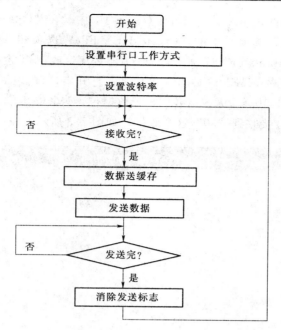

图 7.2 单片机向 PC 发送文字的程序流程图

	MOVC	A,@A+DPTR
A_JUDGE:	JZ	EXIT
SEND_A:	MOV	SBUF,A
	JNB	TI,$
	CLR	TI
DPTR_INC:	INC	DPTR
	JMP	LOOP1
EXIT:	JMP	$
ES_HANDlER:	PUSH	ACC
	JNB	RI,ES_EXIT
	MOV	A,SBUF
	CLR	RI
	MOV	SBUF,A
	JNB	TI,$
	CLR	TI
	MOV	R7,A
	LCALL	_Display_Digital
ES_EXIT:	POP	ACC
	RETI	
STRING:	DB	"30",00H
	END	

4. 调试与结果

(1) 打开 Keilμ Vision3，新建 Keil 项目，选择 AT89C51 单片机作为 CPU，新建汇编

源文件，编写程序，并将其导入到"Source Group 1"中。在"Options for Target"对话窗口中，选中"Output"选项卡中的"Create HEX File"选项和"Debug"选项卡中的"Use：Proteus VSM Simulator"选项。编译汇编源程序，改正程序中的错误。

（2）将用 Keil 生成的 .HEX 文件写入单片机，打开串口调试助手，选择计算机现有的一个串口。配置为 9600bps、无校验位、8 个数据位、1 个停止位，然后点击"打开串口"，可以看到显示区会接收到"30"这个数据，如图 7.3 所示。

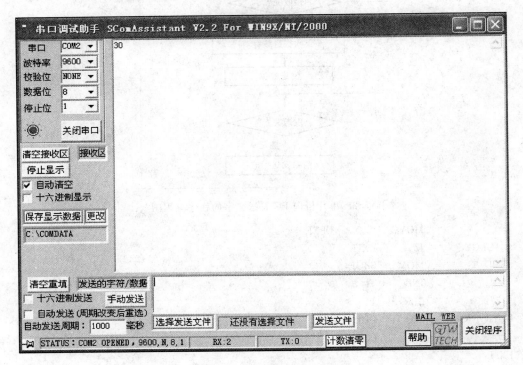

图 7.3　串口调试助手显示区

5．串口调试助手使用

顾名思义，串口调试助手就是在开发串口相关的工程中帮助分析结果或者找出问题的一个助手软件。串口调试助手软件实际上有很多，使用方法也大同小异，这里以串口调试助手 V2.2 为例简单说明其在开发过程中的一些使用方法。

串口调试助手是免安装的本地硬盘版软件，在从没运行过的情况下可能只有一个 .EXE 的可执行文件，程序图标类似一个串口。

双击串口调试助手图标打开程序后界面如图 7.4 所示。

（1）串口：选择当前电脑现有的某一个 RS - 232 接口，以 COMx 的形式命名。

（2）波特率：选择串口通信波特率，通常使用 9600bit/s，也是软件默认值。

（3）校验位：选择通信附加检验位，可选奇校验 ODD、偶校验 EVE 或无校验 NONE（默认）。

（4）数据位：选择数据帧中有效的数据位。

（5）停止位：选择数据帧的停止位，可选 1 位或 2 位。

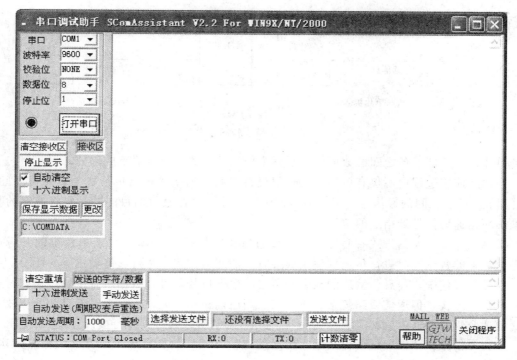

图 7.4　串口调试助手

确定完以上通信中数据帧的格式后便可单击"打开串口"按钮打开串口，如当前选择的串口存在且未被其他程序占用，那么单击"打开串口"后前面的灯将变为红色，表示串口已打开。

（6）自动清空：选中启用，每次接收新的数据时自动清空以前的数据。

（7）十六进制显示：选中启用，以十六进制显示接收的数据，否则以 ASCII 字符形式显示，选中十六进制显示的同时也是选中了十六进制发送选项。

（8）自动发送：选中启用，以自动发送周期里的数据为周期，不停发送发送区中的数据。

任务7.2　串　口　通　信　知　识

【任务导航】

以交通灯项目为载体，介绍单片机之间、单片机与上位机之间的通信原理。

计算机与外界的数据传输（即信息交换）称为通信。某个以单片机为核心组成的控制系统要达到其控制目的，必须要不停地对控制对象进行监测，获得被控对象的各种状态信息，经 CPU 对这些信息分析处理，产生各种控制调整命令，实现对控制对象的控制目的。

通信可能发生在单片机与单片机之间，实现数据信息的交换，也可能发生在单片机与外部设备之间，实现对外部设备的监控，这种关系如图 7.5 所示。

图 7.5 中的设备状态信息以及单片机发出的控制命令都是以数据形式传送的，可见，

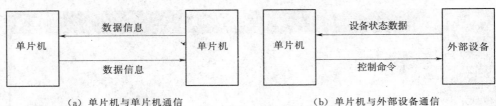

（a）单片机与单片机通信　　　　　　　　（b）单片机与外部设备通信

图 7.5　数据传输

这种单片机与外部设备之间的数据传送是整个控制系统的一个重要组成部分。

在实际应用过程中不仅有单片机与外部设备之间的通信，还有单片机与单片机之间、单片机与 PC 机之间的通信等，无论通信发生在什么场合，通信的目的就是要将确定的数据准确而迅速地传送到指定的位置。

实际工作中，通信方式有两种，即并行通信和串行通信。MCS－51 单片机的并行通信是指数据的各位同时进行传送（发送或接收）的通信方式。并行通信如图 7.6 所示。

在并行通信中，信息传输线的根数和传送的数据位数相等，数据所有位的传输同时进行，通信速度快，但通信线路复杂、成本高。当通信距离较远、位数多时更是如此，故并行通信适合近距离通信。MCS－51 单片机的并行通信可以通过其并行接口实现。

串行通信是指数据一位一位按顺序传送的通信方式，数据有多少位就要传输多少次。串行通信如图 7.7 所示。

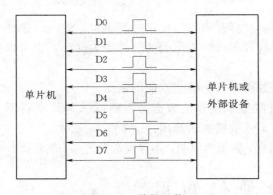

图 7.6　并行通信

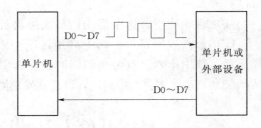

图 7.7　串行通信

在串行通信中，仅用一根或两根传输线，数据逐位顺序传送，所以通信速度慢，但由于仅用一根或两根传输线，传输线成本大大降低，因而串行通信适合于远距离通信。

串行通信可分为同步通信和异步通信。

同步通信，即发送和接收是同步进行的，当通信距离较远时，可以把发送端的时钟信号接到接收端，即接收端与发送端使用同一个时钟信号。

在同步通信中，因为时钟信号的精确同步，所以可保证一次传送大量数据而不产生误差，一般可以把需传送的数据按顺序连接起来，组成数据块，按数据块传送，如图 7.8 所示。在数据块前面加同步字符，作为数据块的起始符号，在数据块的后面加校验字符，用于校验通信中是否发生传输错误。同步通信效率高，但硬件线路复杂，仅适合于近距离通信。

同步字符1	同步字符2	N 个数据字符	校验字符1	校验字符2

图 7.8　同步通信格式

异步通信，即接收端使用的是与发送端同频率的另一个时钟信号，则为异步通信。

由于时钟信号不同步，所以异步通信采用按字符传送的方式，即每次传送一个字符，而不是由若干字符组成的数据块，以免产生误差。异步通信格式如图 7.9 所示，字符前面有一个起始位 0，后面有一个停止位 1，各字符之间没有固定的间隙长度，字符传送的间隙为空闲位 1。当发送端发送时，首先发送一个起始位 0，当接收端检测到传输线上的信号不是表示空闲位的 1 而是 0 时便开始接收数据。

起始位	D0	D1	D2	D3	D4	D5	D6	D7	停止位

图 7.9　异步通信格式

MCS-51 单片机内部有一个通用异步接收发送器 UART，51 单片机的串行通信就是通过它控制实现的，所以 51 单片机的串行通信为异步通信。

1. MCS-51 单片机串行接口结构

（1）串行接口结构。在 MCS-51 单片机内部有一个专门用于串行通信的接口，51 单片机的串行通信就是通过串口实现的。

图 7.10 所示为 MCS-51 单片机串行口的结构示意图。

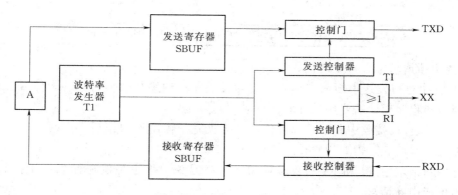

图 7.10　串行口结构示意图

从图 7.10 中可以看出，串行口有两个缓冲寄存器（SBUF）：一个是发送寄存器；另一个是接收寄存器。在串行发送时，由 CPU 向发送寄存器 SBUF 写入待发送的数据，发送寄存器（SBUF）在移位时钟脉冲的作用下，由串行输出引脚 TXD（P3.1）逐位输出。

当该字符发送完毕后，硬件将串行控制器 SCON 的 TI 位置 1，向 CPU 发出串行中断请求。

在串行输入时，外部数据通过引脚 RXD（P3.0）在移位时钟脉冲控制下依次逐位输入到输入移位寄存器中，并存放在接收寄存器 SBUF 内，在串行接收完毕后硬件置 SCON 的 RI 位为 1，同样向 CPU 发出串行中断请求。

发送寄存器 SBUF 和接收寄存器 SBUF 是两个物理空间上不同，但共用同一地址的数据缓冲寄存器，SBUF 的字节地址为 99H。因为发送寄存器 SBUF 只有向其写入的操作，而接收寄存器 SBUF 只有读出的操作，所以两个缓冲器尽管使用同一地址，也不会产生混乱。即凡是以 SBUF 为目的地址的写操作，指令中的 99H 就代表发送寄存器 SBUF，相反，凡是源操作数地址为 99H 的读操作，指令中的 99H 则代表接收寄存器 SBUF。

（2）串行通信的传送速率。传送速率是指数据传送的速度，在串行通信中，数据是按位进行传送的，因此传送速率用每秒传送格式位的数目表示，称为波特率。

$$1Bd＝1bit/s$$

假如数据传送速率为 120 字符每秒，每个字符由 1 个起始位、8 个数据位和 1 个停止位组成，则其波特率为

$$10×120bit/s＝1200bit/s＝1200Bd$$

异步通信的传送速度一般取 50～9600Bd 范围内的数值。

2. 串行口相关寄存器的设置

（1）串行口控制寄存器 SCON（98H）。用于定义串行口的工作方式及实施接收和发送控制，字节地址为 98H。

寄存器 SCON 的内容及位地址表示见表 7.1。

表 7.1　　　　　　　　　　　寄存器 SCON 的内容及位地址表

SCON	D7	D6	D5	D4	D3	D2	D1	D0
位符号	SM0	SM1	SM2	REN	TB8	RB8	TI	RI
位地址	9FH	9EH	9DH	9CH	9BH	9AH	99H	98H

1）与中断请求标志有关的位。

a. TI：串行口发送中断请求标志位。当发送完一帧串行数据后，由硬件置"1"；在转向中断服务程序后，需要用软件对该位清"0"。

b. RI：串行口接收中断请求标志位。当接收完一帧串行数据后，由硬件置"1"；在转向中断服务程序后，需要用软件对该位清"0"。

串行中断请求由 TI 和 RI 的逻辑或得到。就是说，无论是发送标志还是接收标志，都会产生串行中断请求。

单片机的 P3.0（RXD）、P3.1（TXD）通过电平转换芯片 MAX232 连到 9 针 D 型插座上，通过 9 针 D 型插座（图 7.11）和电缆可以与单片机、PC 机进行串行通信。串口接线如图 7.12 所示。

串口通信对单片机而言意义重大，不但可以实现将单片机的数据传输到计算机端，而且也能实现计算机对单片机的控制，比如把写入单片机的数据显示在计算机上，可以使用

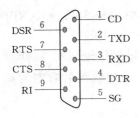

图 7.11 9 针 D 型插座

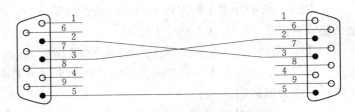

图 7.12 串口接线

一个按键，当按键按下时使定义好的字符串如"SEND"，通过单片机的串口将它发送到计算机上，借助软件显示结果，在开发数据采集设备时就要通过串口来检查数据正确与否；同样，也可以从计算机向单片机发出数据作为命令，实现对单片机的控制。MCS-51 内部含有一个可编程全双工串行通信接口，具有 UART 的全部功能。该接口电路不仅能同时进行数据的发送和接收，也可作为一个同步移位寄存器使用。

2）寄存器 SCON 各位的含义如下。

a. SM0、SM1。串行口工作方式选择位，对应了 4 种工作方式，见表 7.2。其中 f_{osc} 为晶振频率，SM0、SM1 工作方式见表 7.2。

表 7.2 　　　　　　　　　　　SM0、SM1 工作方式

SM0	SM1	工 作 方 式	功 能 描 述	波 特 率
0	0	方式 0	8 位同步移位寄存器	$f_{osc}/12$
0	1	方式 1	8 位异步串行通信	由定时器控制
1	0	方式 2	9 位异步串行通信	$f_{osc}/32$ 或 $f_{osc}/64$
1	1	方式 3	9 位异步串行通信	由定时器控制

b. SM2。多机通信控制位。主要用于方式 2 和方式 3。

若 SM2＝1：则允许多机通信，即一个主机和多个从机通信。

当从机接收数据的第 9 位（D8 位即 RB8 位）为 1 时，说明是地址帧，数据装入 SBUF，并置 RI＝1，向 CPU 申请中断。当从机接收数据的第 9 位为 0 时，说明是数据帧，RI＝0，信息丢失。

若 SM2＝0：则不属于多机通信的情况。

当接收到一帧数据后，不管第 9 位数据是 0 还是 1，都要置 RI 为 1，并将收到的数据装入 SBUF 中。

以上是工作在方式 2 和方式 3 的情况。串行口工作在方式 0 时，SM2 必须置为 0；而工作在方式 1 时，只有收到有效停止位时，RI 才置为 1，以便接收下一帧数据。

c. REN。允许接收控制位。当 REN＝1 时，允许接收；当 REN＝0 时，禁止接收。此位由软件置"1"或清"0"。

d. TB8。发送数据的第 9 位，也可作奇/偶校验位。由软件置"1"或清"0"。用于方式 2 和方式 3 中，在方式 0 和方式 1 中不使用。

多机通信协议中规定：发送数据的第 9 位（D8 位即 TB8 位）为 1，说明本帧为地址帧；发送数据的第 9 位为 0，说明本帧为数据帧。

e. RB8。用于方式 2 和方式 3 中接收数据的第 9 位。在方式 1 中，若 SM2＝0，RB8 是已接收的停止位；在方式 0 中不使用。

与 TB8 类似，它可约定作接收到的地址/数据标志位，还可约定作接收到的奇/偶校验位。在多机通信的方式 2 和方式 3 中，SM2＝1 时，若 RB8＝1，说明收到的数据为地址帧；反之为数据帧。

f. TI。发送中断标志位，表示数据发送完成。

在一帧数据发送结束时 TI 被置 1，向 CPU 表示发送缓冲器 SBUF 已空，让 CPU 可以准备发送下一帧数据。串行口发送中断被响应后，TI 不会自动复位，必须用软件清"0"。

g. RI。接收中断标志位，表示接收数据完成。

在接收到一帧有效数据后，由硬件将 RI 置"1"去申请中断，表示一帧数据已接收完毕，并装入了接收缓冲器 SBUF 中，要求 CPU 响应中断取走数据。同样 RI 不能自动清"0"，必须用软件清"0"。

TI 和 RI 属于同一个中断源，所以必须用软件来判别是发送中断 TI 还是接收中断 RI。

单片机复位后，控制寄存器 SCON 的所有位均清"0"。

（2）电源控制寄存器 PCON（87H）。寄存器 PCON 不可位寻址，它的字节地址是 87H。PCON 的低 7 位全都用于单片机的电源控制，只有最高位 SMOD 与串行口有关，用于串行通信波特率的控制。寄存器 PCON 的格式见表 7.3。

表 7.3 寄存器 PCON 的格式

PCON	D7	D6	D5	D4	D3	D2	D1	D0
位符号	SMOD	—	—	—	GF1	GF0	PD	IDL

SMOD 为波特率倍增位：当 SMOD＝1，串行口工作方式 1、2、3 的波特率提高 1 倍；否则不加倍。

单片机复位时，SMOD＝0。

（3）串行口工作方式。根据串行通信数据格式和波特率的不同，51 单片机的串行通信可以设置 4 种工作方式。

1）工作方式 0。当 SM0SM1＝00 时，串行口选择工作方式 0，为同步移位寄存器输入/输出方式。以 8 位数据为一帧传输，不设起始位和停止位，先发送或接收最低位。其帧格式如下：

D0	D1	D2	D3	D4	D5	D6	D7

它可以外接移位寄存器以扩展并行 I/O 口，也可以外接同步输入/输出设备。此时用 RXD（P3.0 脚）来输入/输出 8 位串行数据，用 TXD（P3.1 脚）来输出同步脉冲。此方式的波特率是固定的，为 $f_{osc}/12$。

发送过程由写 SBUF 寄存器开始，当 8 位数据传送完，TI 被置为"1"，再发下一数据。接收时必须先置 REN＝1、RI＝0，当 8 位数据接收完，RI 被置为"1"，至此读 SBUF 指令，将串行数据读入。

2）工作方式 1。当 SM0SM1＝01 时，串行口选择工作方式 1，为 8 位异步通信方式。其以 10 位为一帧传输：一个起始位"0"、8 个数据位和 1 个停止位"1"，其帧格式为：

起始位	D0	D1	D2	D3	D4	D5	D6	D7	停止位
0									1

起始位和停止位在发送时自动插入。TXD 和 RXD 分别用于发送和接收 1 位数据。接收数据时，停止位进入串行口控制器 SCON 的 RB8 位中（位地址 9AH）。

发送时，数据写入发送缓冲器 SBUF，发送完成，TI 被置为"1"，再发下一数据。

接收时置 REN＝1，当接收器对 RXD 引脚状态采样时，如果接收到由 1 到 0 的负跳变时，启动接收器，在接收移位脉冲的控制下，将接收的数据移入接收寄存器，直到一帧数据接收完成。在方式 1 接收时必须满足两个条件：RI＝0；停止位为 1 或 SM2＝0。

任一条件不满足，接收数据无效，数据丢失，不再恢复。

3）工作方式 2 和工作方式 3。当 SM0SM1＝10、11 时，串行口选择工作方式 2、3，为 9 位异步通信方式。其以 11 位为一帧传输：一个起始位"0"、8 个数据位、一个附加第 9 位（D8）和 1 个停止位"1"。附加的第 9 位由软件设置"1"或清"0"，发送时在 TB8 中，接收时在 RB8 中。其帧格式为：

起始位	D0	D1	D2	D3	D4	D5	D6	D7	D8	停止位
0										1

由 TXD 和 RXD 发送和接收，工作过程完全相同。只是它们的波特率不同，方式 2 的波特率是固定的，方式 3 的波特率是由定时器 T1 控制的。

（4）波特率的设置。在串行通信中，收发双方对发送或接收的数据速率要有一个约定，通过软件对 51 串行口编程可约定 4 种工作方式。其中，方式 0 和方式 2 的波特率是固定的，方式 1 和方式 3 的波特率是可变的，由定时器 T1 的溢出率决定。常用波特率与其他参数间的关系见表 7.4。

表 7.4　　　　　　　　　　常用波特率与其他参数间的关系

串行口工作方式	波　特　率	f_{osc}/MHz	SMOD	定时器 T1		
				C/$\overline{T}$	工　作　方　式	定时器初值
方式 0	1Mbit/s		无关			
方式 2	375kbit/s	12	1	无关	无关	无关
	187.5kbit/s		0			
方式 1 或 方式 3	62.5kbit/s	11.0592	1	0	2	FFH
	19.2kbit/s		1			FDH
	9.6kbit/s					FDH
	4.8kbit/s					FAH
	2.4kbit/s		0			FAH
	1.2kbit/s					E8H
	137.5bit/s					1DH
	110bit/s	12			1	FEEBH

续表

串行口工作方式	波 特 率	f_{osc}/MHz	SMOD	定时器 T1		
				C/$\overline{T}$	工作方式	定时器初值
方式 0	500kbit/s	无关	无关	无关	无关	无关
方式 2	187.5kbit/s					
方式 1 或 方式 3	19.2kbit/s	6	1	0	2	FEH
	9.6kbit/s					FDH
	4.8kbit/s		0			FDH
	2.4kbit/s					FAH
	1.2kbit/s					F4H
	600bit/s					E8H
	110bit/s					72H
	55bit/s				1	FEEBH

1）方式 0 波特率。

$$\text{方式 0 的波特率} = \frac{\text{振荡频率 } f_{osc}}{12}$$

其波特率固定为振荡频率的 1/12，并不受电源控制寄存器 PCON 中的波特率倍增位 SMOD 的影响。

2）方式 2 的波特率。

$$\text{方式 2 的波特率} = \frac{2^{SMOD}}{64} \times \text{振荡频率 } f_{osc}$$

其波特率由振荡频率 f_{osc} 和波特率倍增位 SMOD 的值共同确定。当 SMOD = 0 时，波特率为 $f_{osc}/64$；当 SMOD = 1 时，波特率为 $f_{osc}/32$。

3）方式 1 和方式 3 的波特率。

$$\text{方式 1、方式 3 的波特率} = \frac{2^{SMOD}}{32} \times \text{振荡频率 } f_{osc}$$

其波特率由定时器 T1 的溢出速率和波特率倍增位 SMOD 的值共同确定。当 SMOD = 0 时，波特率为 T1 溢出率/32；SMOD = 1 时，为 T1 溢出率/16。

通常会选用定时器工作方式 2（自动重装），作为定时器 T1 波特率发生器。工作于方式 2 时，TL1 作计数用，而自动重装的初值放在 TH1 中，若设计数初值为 X，则每过 $256 - X$ 个机器周期，定时器 T1 产生一次溢出。为了避免因溢出而引起的中断，此时应该禁止 T1 中断。而此时

$$\text{T1 的溢出速率} = \frac{f_{osc}}{12 \times (256 - X)}$$

若已知波特率，则可算出定时器 T1 工作在方式 2 的初值：

$$X = 256 - \frac{2^{SMOD} f_{osc}}{12 \times 32 \times \text{波特率}}$$

因为初值必须为整数，而当系统时钟频率选用 11.0592MHz 时，易获得标准的波特

率，所以这个频率的晶振是最常用的。

3. MCS-51 单片机串行通信

单片机串行口主要用于计算机之间的串行通信，包括两个单片机之间、多个单片机之间及单片机与 PC 机之间的串行通信。通信应考虑接口电路、通信协议、程序编写、问题处理等几个方面。

（1）双机串行通信。

1）接口电路。两台 MCS-51 单片机通信根据双方距离的远近可采取不同的接口电路。如果两台 MCS-51 应用系统相距很近，将它们的串行口直接相连，如图 7.13 所示。如果通信距离较远，通信线路必须加辅助电路，如可采用 RS-232C 接口、电平转换器、调制解调器等。

2）通信协议。通信协议就是通信双方要遵守的共同约定。协议内容包括双方采取一致的通信方式、一致的波特率设定、确认何方为接收机何方为发送机、设定通信开始时发送机的呼叫信号和接收机的应答信号以及通信结束的标志信号等。

例如，采用查询方式带奇偶校验发送/接收数据块的双机编程思路。

发送程序：

a. 波特率设置初始化（与接收程序设置相同）。

b. 串行口初始化（允许接收）。

c. 相关工作寄存器设置（原数据地址指针等）。

d. 按约定发送/接收数据。

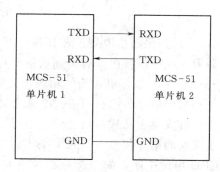

图 7.13 双机串行通信

1 号机（发送机）：1 号机将指定存储单元数据按顺序向 2 号机发送。每发送一帧信息，2 号机对接收的数据进行奇偶校验，若奇偶校验正确，则 2 号机向 1 号机发出"数据发送正确"的信号（应答信号自定，如发 00H），1 号机接收到 2 号机的正确应答信号后再发送下一个字节。若奇偶校验错误，则 2 号机发出"数据发送不正确"的信息（应答信号自定，如发 FFH）给 1 号机，要求 1 号机再次发送原数据，直到数据发送正确。

接收程序：

a. 波特率设置初始化（与发送程序设置相同）。

b. 串行口初始化（与发送程序设置相同）。

c. 工作寄存器设置（原数据地址指针等）。

d. 按约定发送/接收数据，传送状态字如正确标志、错误标志。

2 号机（接收机）：接收 1 号机发送的数据，进行奇偶校验，并发出相应的应答信号给 1 号机。将接收的正确数据顺序存放在指定的存储单元中。

（2）多机通信。MCS-51 单片机的多机通信是指一台主机和多台从机之间的通信。在多机通信中，单片机构成分布式监测控制系统，其中主机可以与每一个从机实现全双工通信，而各从机之间不能直接通信，从机只能通过主机来交换信息。设有一个多机分布式系统，1 个主机，n 个从机，系统如图 7.14 所示。主机的 RXD 端与所有从机的 TXD 端相连，主机的 TXD 端与所有从机的 RXD 端相连（为增大通信距离，各机之间还要配接 RS‑232C 或 RS‑422A 标准接口）。

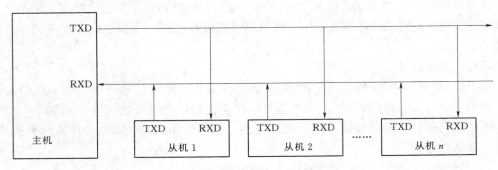

图 7.14　多机通信系统

1）多机通信原理。在多机通信中，为了保证主机与所选择的从机实现可靠的通信，必须保证通信接口具有识别功能，可以通过控制单片机的串行口控制寄存器 SCON 中的 SM2 位来实现多机通信的功能，其原理如下。

利用单片机串行口方式 2 或方式 3 及串行口控制寄存器 SCON 中的 SM2 和 RB8 的配合，可完成主从式多机通信。串行口以方式 2 或方式 3 接收时，若 SM2 为 1，则仅当从机接收到的第 9 位数据（在 RB8 中）为 1 时，数据装入接收缓冲器 SBUF，并置 RI＝1 向 CPU 申请中断；如果接收到第 9 位数据为 0，则不置位中断标志 RI，信息将丢失。而 SM2 为 0 时，则接收到一个数据字节后，不管第 9 位数据是 1 还是 0 都产生中断标志 RI，接收到的数据装入 SBUF。应用这个特点，便可实现多个单片机之间的串行通信。

2）多机通信协议。多个 MCS‑51 单片机通信过程可约定如下。

a. 所有从机串行口初始化为工作方式 2 或方式 3，SM2 置位，串行中断允许。各从机均有编址。

b. 主机首先发送一帧地址信息，其中包括 8 位地址，第 9 位为地址置位，表示发送的为地址。

c. 所有从机均接收主机发送的地址，并进入各自中断服务程序，与各自的地址进行比较。

d. 被寻址的从机确认后，把自身 SM2 清零，并向主机返回地址供主机核对。对于地址不符的从机，仍保持 SM2＝1 状态。

e. 主机核对地址无误后，再向被寻址的从机发送命令，命令从机是进行数据接收还是数据发送，第 9 位清零。

f. 主从机之间进行数据传送，其他从机检测到主机发送的是数据而非地址，则不予理睬，直到接收主机发送新的地址后。

g. 数据传输完毕后，从机将 SM2 重新置位。

h. 重复 b～g 过程。

3）MCS‑51 单片机与 PC 机的串行通信。随着计算机技术的发展和工业自动化水平的提高，人们对控制系统的功能及交互界面有了越来越高的要求。为此，单片机往往与 PC 机组成可视化强、方便操作、功能强大的控制系统。在由 PC 机与单片机组成的应用系统中，一般以 PC 机作为监控机，用户可以方便地通过 PC 机向各单片机发出命令，同时也可以通过 PC 机获得单片机的信息，并且可以将单片机控制系统中的数据进行计算、处理、生成表格、图形、波形等，可以打印和存盘。

图 7.15 所示是 PC 机与多个 MCS - 51 单片机组成的串行通信系统。由于 PC 机与单片机信号电平不同，因而在 PC 机与单片机组成串行通信电路中，需要有电平转换电路接口。

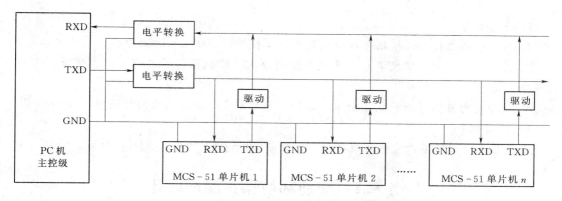

图 7.15　PC 机与多个单片机组成的串行通信系统

<h2 align="center">项 目 7 小 结</h2>

MCS - 51 单片机内部具有一个全双工的异步串行通信 I/O 口，该串行口的波特率和帧格式可以编程设定。串行口有 4 种工作方式：方式 0、方式 1、方式 2 以及方式 3。其中，方式 0 和方式 2 传送的波特率是固定的，方式 1 和方式 3 的波特率是可变的，由定时器的溢出率决定。

<h2 align="center">习　　题</h2>

1. 如何让串行口在接收到相应数据的时候发送指定字符？

2. 利用串行口设计 4 位静态 LED 显示，画出电路图并编写程序，要求 4 位 LED 每隔 1s 交替显示"1234"和"5678"。

项目 8　交通环境噪声测试

【学习目标】

1. 专业能力目标：能根据系统性能要求编写程序；会使用仿真软件和相关开发工具。

2. 方法能力目标：掌握单片机系统开发的方法；掌握根据产品设计的需要选择程序设计语言及方法。

3. 社会能力目标：培养认真做事、细心做事的态度；培养团队协作精神。

【项目导航】

本项目主要以交通灯系统为项目载体，介绍 MCS-51 单片机 ADC、DAC。

任务 8.1　交通环境噪声测试设计

【任务导航】

以交通灯项目为载体，介绍交通环境噪声测试系统。

交通环境噪声测试系统主要用来测量交通现场环境的噪声分贝。系统采用分贝传感器采集现场的噪声信号，信号经过处理后送入 ADC 转换，单片机将转换后的数字量经过显示装置显示。系统框图如图 8.1 所示。

图 8.1　交通环境噪声测试系统框图

1. 分贝传感器设计

(1) 分贝传感器简介。分贝传感器主要器件采用驻极体电容式传声器。

(2) 参考元器件列表（表 8.1）。

表 8.1　　　　　　　　　　传感器模块所用元器件列表

器　件	类　型	型　号	封　装
B1	分贝传感器	B1	BAT-2
C1	电容	220N10V	0603
C2、C4、C5	电容	100N6V	0603
C3	电容	220P50V	0603
R1、R2、R3	电阻	1kΩ	0603
R4、R5、R6、R7	电阻	10kΩ	0603
U1	运算放大器	OP07CS	SO-8_N

（3）设计与制作步骤。

1）了解分贝传感器的原理。

2）设计分贝传感器的应用电路原理图，如图 8.2 所示。

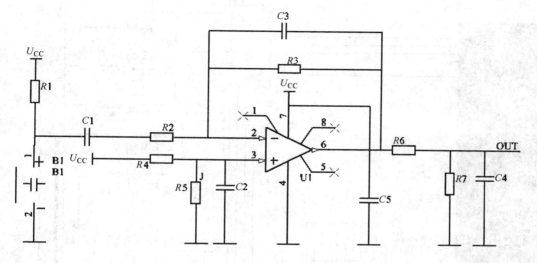

图 8.2　分贝传感器的应用电路原理图

3）设计分贝传感器的应用电路 PCB 图，如图 8.3 所示。

4）制作 PCB 板。

5）检测元器件，并焊接电路板。

（4）调试设备与方法。

1）调试设备。电源、万用表、噪声源等。

2）调试方法。

a. 认真核查电路板元器件的安装是否正确，有无虚焊等。

b. 用万用表测试电源输出电压是否正确，连接电源至电路模块。

c. 测试传感器输出。

2. AD 转换电路设计

本系统中设计有 4 个噪声传感器信号同时输入 ADC，单片机循环检测 4 个通道，并显示转换后数字量。

（1）噪声测试系统硬件设计，如图 8.4 所示。

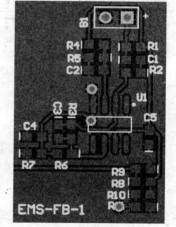

图 8.3　分贝传感器的应用电路 PCB 图

在此电路设计中，采用 4 个电位器模拟要测量的四路噪声电压检测点，由一个按键进行切换，每路电压都能在数码管上显示。

（2）软件设计。

1）噪声测试系统软件设计的流程图如图 8.5 所示。

2）程序清单如下：

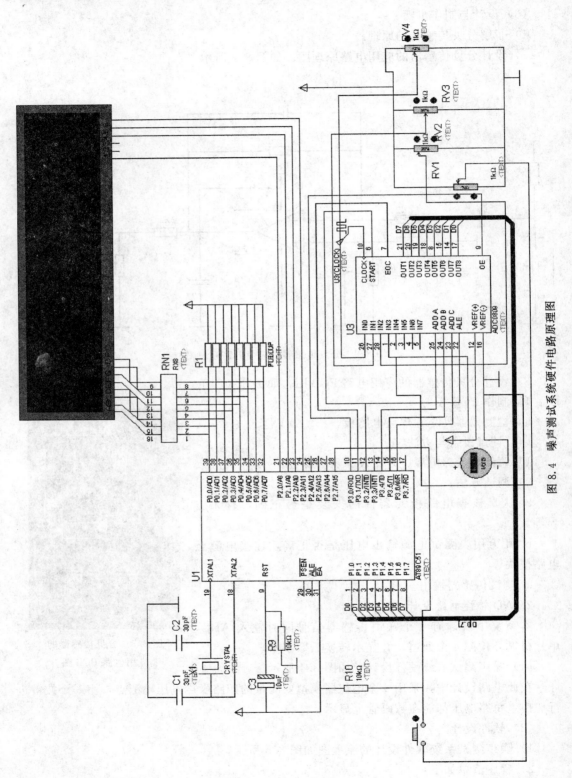

图 8.4　噪声测试系统硬件电路原理图

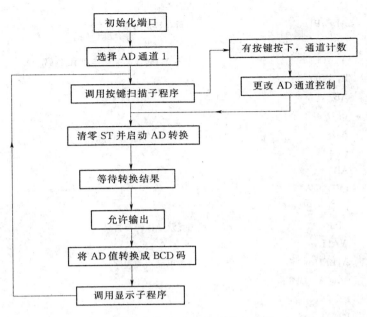

图 8.5　噪声测试系统程序流程图

LED_0	EQU	30H	;存放三个数码管的段码
LED_1	EQU	31H	
LED_2	EQU	32H	
TONGDAO	EQU	33H	;通道选择及按键计数值保存
ADC	EQU	35H	;存放转换后的数据
ST	BIT	P3.2	
OE	BIT	P3.0	
EOC	BIT	P3.1	
	ORG	00H	
START:	MOV	LED_0,#00H	
	MOV	LED_1,#00H	
	MOV	LED_2,#00H	
	MOV	TONGDAO,#01H	
	MOV	DPTR,#TABLE	;送段码表首地址
	CLR	P3.4	
	CLR	P3.5	
	CLR	P3.6	;选择 ADC0809 的通道 3
WAIT:	SETB	P2.7	
	ACALL	KEY	
	CLR	ST	
	SETB	ST	
	CLR	ST	;启动转换
	JNB	EOC,$	;等待转换结束

```
            SETB    OE                      ;允许输出
            MOV     ADC,P1                  ;暂存转换结果
            CLR     OE                      ;关闭输出
            MOV     A,ADC                   ;将 AD 转换结果转换成 BCD 码
            MOV     B,#100
            DIV     AB
            MOV     LED_2,A
            MOV     A,B
            MOV     B,#10
            DIV     AB
            MOV     LED_1,A
            MOV     LED_0,B
            LCALL   DISP                    ;显示 AD 转换结果
            SJMP    WAIT
DISP:       MOV     A,LED_0                 ;数码显示子程序
            MOVC    A,@A+DPTR
            CLR     P2.3
            MOV     P0,A
            LCALL   DELAY
            SETB    P2.3
            MOV     A,LED_1
            MOVC    A,@A+DPTR
            CLR     P2.2
            MOV     P0,A
            LCALL   DELAY
            SETB    P2.2
            MOV     A,LED_2
            MOVC    A,@A+DPTR
            CLR     P2.1
            MOV     P0,A
            LCALL   DELAY
            SETB    P2.1
            MOV     A,TONGDAO
            MOVC    A,@A+DPTR
            CLR     P2.0
            MOV     P0,A
            LCALL   DELAY
            SETB    P2.0
            RET
KEY:        JNB     P2.7,K0
            RET
K0:         ACALL   DELAY
```

```
        JNB    P2.7,K0
        INC    TONGDAO
        MOV    A,TONGDAO
        CJNE   A,#5,K1
        AJMP   FUWEI
        RET
K1:     CJNE   A,#2,K2
        SETB   P3.4
        CLR    P3.5
        CLR    P3.6                   ;选择 ADC0809 的通道 2
        RET
K2:     CJNE   A,#3,K3
        CLR    P3.4
        SETB   P3.5
        CLR    P3.6                   ;选择 ADC0809 的通道 3
        RET
K3:     CJNE   A,#4,K4
        SETB   P3.4
        SETB   P3.5
        CLR    P3.6                   ;选择 ADC0809 的通道 4
        RET
K4:     RET
FUWEI:  MOV    TONGDAO,#01H
        CLR    P3.4
        CLR    P3.5
        CLR    P3.6                   ;选择 ADC0809 的通道 1
        RET
DELAY:  MOV    R6,#10                 ;延时 5ms
D1:     MOV    R7,#250
        DJNZ   R7,$
        DJNZ   R6,D1
        RET
TABLE:  DB     3FH,06H,5BH,4FH,66H    ;数码管数值表
        DB     6DH,7DH,07H,7FH,6FH
        END
```

任务 8.2 A/D 转 换 电 路

【任务导航】

以交通灯项目为载体，介绍 A/D 转换的基础知识。

由于计算机本身只能处理二进制代码（数字量），而在计算机应用领域中，常需要把

外界连续变化的模拟量（如温度、压力、流量、速度），变成数字量输入计算机进行加工处理。另外，也经常需要把计算机计算所得结果的数字量转换成连续变化的模拟量输出，用以调节执行机构，实现对被控对象的控制。这种把模拟量变成数字量就称为模/数转换，把数字量转换成模拟量就称为数/模转换。实现这类转换的器件，称为模/数（A/D）和数/模（D/A）转换器。

本任务是以 80C51 单片机为核心和以 ADC0809 为多路 A/D 转换器来设计的。

1. ADC0809 的主要特性

ADC0809 是采用 CMOS 工艺制造的双列直插式单片 8 位 A/D 转换器。分辨率 8 位，精度 7 位，带 8 个模拟量输入通道，有通道地址译码锁存器，输出带三态数据锁存器。启动信号为脉冲启动方式，最大可调节误差为 ±1LSB。ADC0809 内部没有时钟电路，故 CLK 时钟需由外部输入，fclk 允许范围为 10～1280kHz，典型值为 640kHz。每通道的转换需 66～73 个时钟脉冲，大约 100～110μs。工作温度范围为 -40～+85℃。功耗为 15mW，输入电压范围为 0～5V，单一 +5V 电源供电。

2. ADC0809 的内部结构和外部引脚

ADC0809 的内部结构如图 8.6 所示。片内带有锁存功能的 8 路模拟开关，可对 8 路模拟输入信号分时转换，具有通道地址锁存和译码电路、8 位逐次比较 A/D 转换器和三态输出锁存器等。图 8.7 为 ADC0809 的外部引脚图。引脚功能介绍如下。

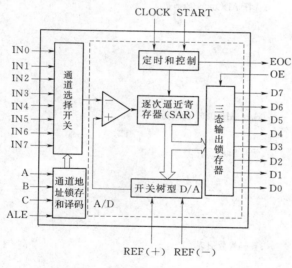

图 8.6　ADC0809 内部结构　　　　　图 8.7　ADC0809 外部引脚

（1）IN0～IN7：8 路模拟量输入端，输入。

（2）D7～D0：8 位数字量输出端，输出，三态。

（3）ALE：地址锁存控制信号，输入，该引脚输入一个正脉冲时，上升沿时地址选择信号 A、B、C 锁入地址寄存器。

（4）START：启动 A/D 转换控制信号，输入，上升沿有效。当输入一个正脉冲，便立即启动 A/D 转换，同时使 EOC 变为低电平。

（5）EOC：A/D 转换结束信号，输出，高电平有效。EOC 由低电平变为高电平，表明本次 A/D 转换已经结束。

（6）OE：输出允许控制信号，输入，高电平有效。OE 由低电平变为高电平，打开三态输出锁存器，将转换的结果输出到数据总线上。

（7）REF（－）、REF（＋）：片内 D/A 转换器的参考电压输入端。REF（－）不能为负值，REF（＋）不能高于 U_{cc}。

（8）CLOCK：时钟输入端。10～1280kHz，典型值为 640kHz。

（9）A、B、C：8 路模拟开关的 3 位地址选通输入端，其对应关系见表 8.2。

表 8.2　　　　　　　　　　　　　**ADC0809 的输入通道选择**

C	B	A	选中通道	C	B	A	选中通道
0	0	0	IN0	1	0	0	IN4
0	0	1	IN1	1	0	1	IN5
0	1	0	IN2	1	1	0	IN6
0	1	1	IN3	1	1	1	IN7

ADC0809 的工作过程是：首先输入 3 位地址，并使 ALE＝1，将地址存入地址锁存器中。此地址经译码选通 8 路模拟输入之一到比较器。START 上升沿将逐次逼近寄存器复位。下降沿启动 A/D 转换，之后 EOC 输出信号变低，指示转换正在进行。直到 A/D 转换完成，EOC 变为高电平，指示 A/D 转换结束，结果数据已存入锁存器，这个信号可用作中断申请。当 OE 输入高电平时，输出三态门打开，转换结果的数字量输出到数据总线上。

任务 8.3 D/A 转 换 电 路

【任务导航】
结合多波形低频信号发生器介绍 D/A 转换的知识。

1. 单片机产生波形的原理
用单片机与 D/A 芯片设计波形发生器是一个数电与模电结合的设计过程，由单片机输出一个数字量，经 D/A 芯片将其转换成对应的模拟量输出。如果单片机在规定点上输出的数字量符合相应的规律，经 D/A 转换后就得到满足相应规律要求的波形，这就是单片机产生波形的原理。

多波形发生器有许多类型的 D/A 芯片，在此选用 DAC0832 即能完成设计要求，它是一款比较普通的 D/A 芯片，结合单片机的数据控制就会很容易得到多种波形。

单片机产生方波的原理是通过 8 位端口控制规定时间输出高电平和低电平来控制 DAC0832 产生方波的；单片机产生锯齿波原理则是通过 8 位端口控制规定 255 个点递增效果的斜率来控制 DAC0832 产生锯齿波的；单片机产生三角波原理则是通过 8 位端口控制规定 255 个点递增效果和递减效果的斜率来控制 DAC0832 产生三角波的；单片机产生正弦波原理则是通过 8 位端口控制规定采样 128 个正弦波状态点来控制 DAC0832 产生正弦波的。

2. DAC0832 的内部结构与引脚功能

DAC0832 是具有 8 位分辨率的 D/A 转换集成芯片，以其价廉、接口简单、转换控制容易等优点，在单片机应用系统中得到了广泛的应用。

DAC0832D/A 转换器的内部结构如图 8.8 所示。包括一个数据寄存器、DAC 寄存器和 D/A 转换器三大部分。

DAC0832 内部采用 R - 2RT 型电阻解码网络。数据寄存器和 DAC 寄存器实现两次缓冲，故在输出的同时，还可以接收下一个数据，提高了转换速度。当多芯片工作时，可用同步信号实现各模拟量的同时输出。图 8.9 给出了 DAC0832 的外部引脚。引脚特性如下。

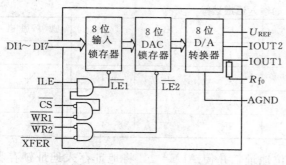

图 8.8　DAC0832 内部结构

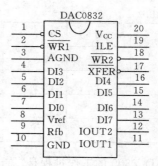

图 8.9　DAC0832 引脚图

（1）$\overline{CS}$：片选信号，低电平有效。与 ILE 相配合，可对写信号 $\overline{WR1}$ 是否有效起到控制作用。

（2）ILE：允许输入锁存信号，高电平有效。输入寄存器的锁存信号 LEI 由 ILE、$\overline{CS}$、$\overline{WR1}$ 的逻辑组合产生。当 ILE 为高电平，$\overline{CS}$ 为低电平，$\overline{WR1}$ 输入负脉冲时，$\overline{WR1}$ 产生正脉冲。当 LE1 为高电平时输入锁存器的状态随着输入线的状态变化，LE1 的负跳变将输入在数据线上的信息锁入输入寄存器。

（3）$\overline{WR1}$：写信号 1，低电平有效。当 $\overline{WR1}$、$\overline{CS}$、ILE 均有效时，可将数据写入 8 位输入寄存器。

（4）$\overline{WR2}$：写信号 2，低电平有效。当 $\overline{WR2}$ 有效时，在传送控制信号 $\overline{XFER}$ 的作用下，可将锁存在输入寄存器的 8 位数据送到 DAC 寄存器。

（5）$\overline{XFER}$：数据传送控制信号，低电平有效。当 $\overline{WR2}$、$\overline{XFER}$ 均有效时，则在 $\overline{LE2}$ 产生正脉冲，LE2 的负跳变将输入寄存器的内容锁入 DAC 寄存器。

（6）U_{REF}：基准电压输入端，它与 DAC 内的 R - 2RT 型网络相连，U_{REF} 可在 ±10V 范围内调节。

（7）DI7～DI0：8 位数字量输入端，DI7 为最高位，DI0 为最低位。

（8）IOUT1：DAC 的电流输出端 1，当 DAC 寄存器各位为 1 时，输出电流为最大，当 DAC 寄存器各位为 0 时，输出电流为 0。

（9）IOUT2：DAC 的电流输出端 2，IOUT1 与 IOUT2 之和为常数，IOUT1、IOUT2 随着寄存器的内容呈线性变化。

（10）R_{fb}：反馈电阻。在 DAC0832 芯片内有一个反馈电阻，可用作外部运算放大器的反馈电阻。

（11）U_{CC} 电源输入端，DGND 为数字地，AGND 为模拟信号地。

3. 硬件电路原理图

多波形低频信号发生器的硬件原理图有多种方案，本设计的电路原理图如图 8.10 所示。

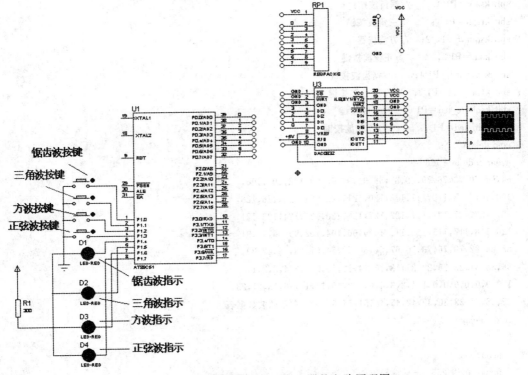

图 8.10　多波形低频信号发生器的电路原理图

4. 系统软件的设计

（1）软件流程图，如图 8.11 所示。

数字信号转换成模拟信号的程序比较简单，只要将输出的数字信号送到 D/A 转换器就行了，利用单片机的数据控制功能，就能得到所需要的波形。以锯齿波电压为例，已知 8 位 D/A 转换器的满度输出值是 255，当输入数字每次都较前次增加 1 时，DAC 输出电压也上升 1 个单位，从而可以得到一个 255 阶的锯齿波。输入的数字是从 0 开始，每次增加 1，增到 255 后降为 0，再从 0 开始增加，不断循环，输出的模拟电压也随着数字的增加由 0V 经 255 阶增到 5V，然后降到 0V，再从 0V 开始增加，如

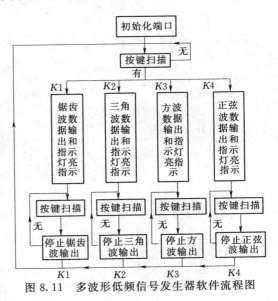

图 8.11　多波形低频信号发生器软件流程图

此循环。所以，得到输出的电压是一个 255 阶的锯齿波。

（2）C 语言的源程序清单。

```c
#include"reg51.h"
#define uchar unsigned char
sbit ksaw=P1^0;        //锯齿波按键
sbit ktran=P1^1;       //三角波按键
sbit ksquare=P1^2;     //方波按键
sbit ksin=P1^3;        //正弦波按键
sbit ksaw_led=P1^4;      //锯齿波按键
sbit ktran_led=P1^5;     //三角波按键
sbit ksquare_led=P1^6;   //方波按键
sbit ksin_led=P1^7;        //正弦波按键
void delay( );
uchar code tab[128]={
64,67,70,73,76,79,82,85,88,91,94,96,99,102,104,106,
109,111,113,115,117,118,120,121,123,124,125,126,126,
127,127,127,127,127,127,127,126,126,125,124,123,121,
120,118,117,115,113,111,109,106,104,102,99,96,94,91,
88,85,82,79,76,73,70,67,64,60,57,54,51,48,45,42,39,
36,33,31,28,25,23,21,18,16,14,12,10,9,7,6,4,3,2,1,
1,0,0,0,0,0,0,0,1,1,2,3,4,6,7,9,10,12,14,16,18,21,23,
25,28,31,33,36,39,42,45,48,51,54,57,60};//正弦波数据表
void   delay( )
{
  uchar  i;
  for(i=0;i<255;i++);
}


void   saw(void)    //锯齿波
{
  uchar  i;
  while(1)
  {
  for(i=0;i<255;i++)
  P0=i;
  ksaw_led=0;
  if(ksaw==0)
  delay( );
  if(ksaw==0)
  {
    while(ksaw==0);
   ksaw_led=1;
   break;
```

```
    }
  }
}

void  tran(void)  //三角波
{
  uchar  i;
  while(1)
  {
  for(i=0;i<255;i++)
  P0=i;
  for(i=255;i>0;i--)
  P0=i;
  ktran_led=0;
  if(ktran==0)
    delay( );
    if(ktran==0)
    {
    while(ktran==0);
    ktran_led=1;
    break;
    }
  }
}

void  square(void)  //方波
{
  while(1)
  {
    P0=0x00;
    delay();
    P0=0xff;
    delay();
    ksquare_led=0;
    if(ksquare==0)
    delay( );
    if(ksquare==0)
    {
      while(ksquare==0);
      ksquare_led=1;
  break;
    }
  }
```

```
    }

void   sin( )     //正弦波
{
  unsigned  int  i;
  while(1)
  {

    if(++i==128)i=0;
    P0=tab[i];
    ksin_led=0;
    if(ksin==0)
      delay( );
      if(ksin==0)
    {
      while(ksin==0);
      ksin_led=1;
      break;
    }
  }
}

void   main(void)  //主函数
{
  if(ksaw==0)
  {
    delay( );
    if(ksaw==0)
  {
    while(ksaw==0);
    saw();
    }
  }

  if(ktran==0)
  {
    delay( );
    if(ktran==0)
    {
    while(ktran==0);
    tran( );
    }
  }
```

```
if(ksquare==0)
{
  delay(  );
  if(ksquare==0)
  {
  while(ksquare==0);
  square(  );
  }
}


if(ksin==0)
{
  delay();
  if(ksin==0)
  {
  while(ksin==0);
  sin(  );
  }
}


}
```

5. 电路仿真及运行结果

在 Proteus 软件中仿真上述硬件及软件，所得结果如图 8.12～图 8.15 所示，仿真结果说明该电路和程序能实现多波形信号发生器的功能。

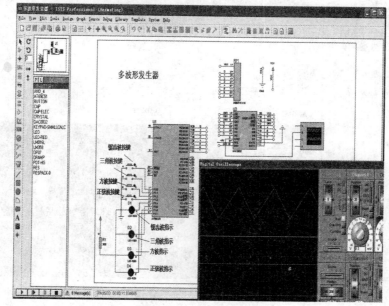

图 8.12 三角波仿真图

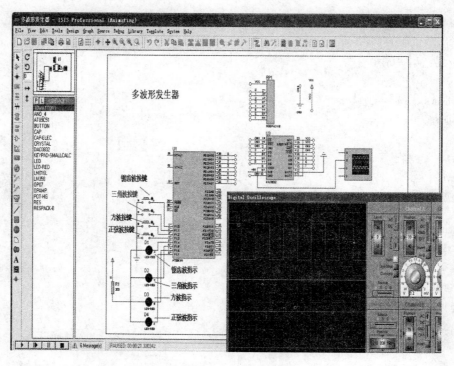

图 8.13　矩形波仿真图

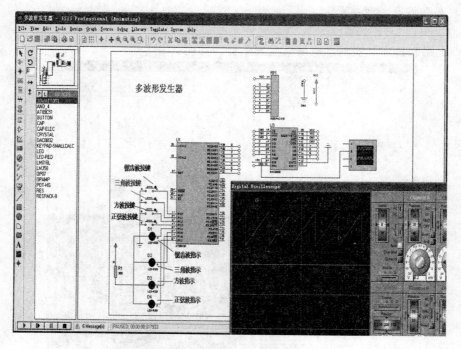

图 8.14　锯齿波仿真图

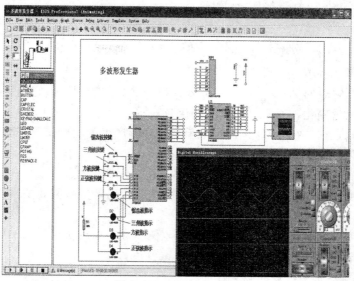

图 8.15　正弦波仿真图

6. 实际电路及运行结果

依据仿真的电路制作出实际电路，其运行结果如图 8.16～图 8.19 所示，与仿真结果相符合。

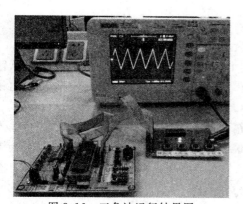

图 8.16　三角波运行结果图

图 8.17　矩形波运行结果图

图 8.18　锯齿波运行结果图

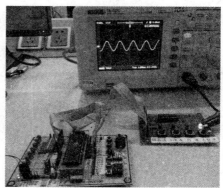

图 8.19　正弦波运行结果图

项 目 8 小 结

本项目介绍 A/D 和 D/A 的基础知识与使用方法。

1. A/D 转换器的主要技术指标

（1）分辨率。它表明 A/D 转换器对输入模拟量的分辨能力，由它确定能被 A/D 转换器辨别的最小模拟量变化，通常也用二进制位数表示。

（2）量化误差。它是在 A/D 转换中由于整量化所产生的固有误差。对于舍入（4 舍 5 入）量化法，量化误差在 $\pm 1/2$LSB 之间。

（3）转换时间。完成一次 A/D 转换所需的时间。

（4）绝对精度。它是指在输出端产生给定的数字代码，实际需要的模拟输入值与理论上要求的模拟输入值之差的最大值。

（5）相对精度。它是指在满度值校准以后，任一数字输出所对应的实际模拟输入值与理论值之差。对于线性 A/D，相对精度就是非线性度。

2. D/A 转换器的主要性能指标

（1）分辨率。这个参数表明 D/A 转换器对模拟值的分辨能力，它是最低有效位（LSB）所对应的模拟值。它确定了能由 D/A 转换器产生的最小模拟量的变化。分辨率通常用数字量的位数表示，一般为 8 位、10 位、12 位、16 位等。若分辨率 10 位，则表明它的最小输出变化量为满量程的 $1/2^{10}$。

（2）输入编码形式。如二进制码、BCD 码等。

（3）转换线性。通常给出在一定温度下的最大非线性度，一般为 $0.01\% \sim 0.03\%$。

（4）转换时间（建立时间）。转换时间是描述 D/A 转换速度的一个参数，具体是从输入数字量变化到输出终值误差 $\pm 1/2$LSB（最低有效位）时所需的时间。通常为几十纳秒至几微秒。

（5）绝对精度和相对精度。绝对精度（简称精度）是指在整个刻度范围内，任意输入数码所对应的模拟量实际输出值与理论值之间的最大误差。相对精度是最大误差相对于满刻度的百分比。绝对精度应小于 1LSB。

习 　 题

1. A/D 转换器主要有哪些技术指标？

2. D/A 转换器主要有哪些技术指标？

3. 用单片机产生波形的原理是怎样的？

4. 用 ADC0809 设计一个 8 路电压表，并编写相应的程序。

5. 用 DAC0832 芯片设计一个接口电路，输出两路同步的三角波信号，信号的幅度为 $0 \sim 5$V，周期不小于 2ms，并编写相应程序。

附　　录

附录A　MCS－51系列单片机指令表

表A.1　　　　　　　　　　　　　　位操作指令集

指　令	功　能　简　述	十六进制指令代码	字节数	机器周期
MOV　C,bit	直接寻址位送入C	A2　bit	2	1
MOV　bit,C	C内容送入直接寻址位	92　bit	2	2
CLR　C	C内容清零	C3	1	1
CLR　bit	直接寻址位清零	C2　bit	2	1
CPL　C	C内容取反	B3	1	1
CPL　bit	直接寻址位取反	B2　bit	2	1
SETB　C	C置位	D3	1	1
SETB　bit	直接寻址位置位	D2　bit	2	1
ANL　C,bit	直接寻址位与到进位位	82　bit	2	2
ANL　C,/bit	直接寻址位的反码与到进位	B0　bit	2	2
ORL　C,bit	直接寻址位或到进位位	72　bit	2	2
ORL　C,/bit	直接寻址位的反码或到进位	A0　bit	2	2
JC　rel	C为1转移	40　rel	2	2
JNC　rel	C为0转移	50　rel	2	2
JB　bit,rel	直接寻址位为1转移	20　bit　rel	3	2
JNB　bit,rel	直接寻址位为0转移	30　bit　rel	3	2
JBC　bit,rel	直接寻址位为1转移并清该位	10　bit　rel	3	2

表A.2　　　　　　　　　　　　　控制程序转移类指令

指　令	功　能　简　述	十六进制指令代码	字节数	机器周期
ACALL　addr11	2KB范围内绝对调用	注一	2	2
AJMP　addr11	2KB范围内绝对转移	注二	2	2
LCALL　addr16	64KB范围内绝对调用	12　addr15～8　addr7～0	3	2
LJMP　addr16	64KB范围内绝对转移	02　addr15～8　addr7～0	3	2
SJMP　rel	相对短转移	80　rel	2	2
JMP　@A+DPTR	相对长转移	73	1	2
RET	子程序返回	22	1	2

续表

指　　令	功　能　简　述	十六进制指令代码	字节数	机器周期
RETI	中断返回	32	1	2
JZ rel	累加器 A 为零转移	60 rel	2	2
JNZ rel	累加器 A 为非零转移	70 rel	2	2
CJNE A,#data,rel	累加器 A 与立即数不等转移	B4 data rel	3	2
CJNE A,direct,rel	累加器 A 与直接寻址单元不等转移	B5 direct rel	3	2
CJNE Rn,#data,rel	寄存器与立即数不等转移	B8～BF data rel	3	2
CJNE @Ri,#data,rel	内部 RAM 单元与立即数不等转移	B6～B7 data rel	3	2
DJNZ Rn,rel	寄存器减1,不为零转移	D8～DF rel	2	2
DJNZ direct,rel	直接寻址单元减1不为零转移	D5 direct rel	3	2
NOP	空操作	00	1	1

表 A.3　　　　　　　　　数 据 传 输 类 指 令

指　　令	功　能　简　述	十六进制指令代码	字节数	机器周期
MOV A,Rn	寄存器送累加器 A	E8～EF	1	1
MOV Rn,A	累加器 A 送寄存器	F8～FF	1	1
MOV A,@Ri	内部 RAM 单元送累加器 A	E6～E7	1	1
MOV @Ri,A	累加器 A 送内部 RAM	F6～F7	1	1
MOV A,#data	立即数送累加器 A	74 data	2	1
MOV A, direct	直接寻址单元送累加器 A	E5 direct	2	1
MOV direct,A	累加器 A 送直接寻址单元	F5 direct	2	1
MOV Rn,#data	立即数送寄存器	78～7F data	2	1
MOV direct,#data	立即数送直接寻址单元	75 direct data	3	2
MOV @Ri,#data	立即数送内部 RAM 单元	76～77 data	2	1
MOV direct,Rn	寄存器送直接寻址单元	88～8F direct	2	2
MOV Rn,direct	直接寻址单元送寄存器	A8～AF direct	2	2
MOV direct,@Ri	内部 RAM 单元送直接寻址单元	86～87 direct	2	2
MOV @Ri,direct	直接寻址单元送内部 RAM 单元	A6～A7 direct	2	2
MOV direct2,direct1	直接寻址单元送直接寻址单元	85 direct1 direct2	3	2
MOV DPTR,#data16	16 位立即数送数据指针	90 data15～8 data7～0	3	2
MOVX A,@Ri	外部 RAM 单元送累加器(8 位地址)	E2～E3	1	2
MOVX @Ri,A	累加器 A 送外部 RAM 单元(8 位地址)	F2～F3	1	2
MOVX A,@DPTR	外部 RAM 单元送累加器 A(16 位地址)	E0	1	2
MOVX @DPTR,A	累加器 A 送外部 RAM 单元(16 位地址)	F0	1	2
MOVC A,@A+DPTR	查表数据送累加器 A(数据指针为基址)	93	1	2
MOVC A,@A+PC	查表数据送累加器 A(程序计数器为基址)	83	1	2
XCH A,Rn	累加器 A 与寄存器交换	C8～CF	1	1

续表

指　令	功　能　简　述	十六进制指令代码	字节数	机器周期
XCH　A,@Ri	累加器 A 与内部 RAM 单元交换	C6～C7	1	1
XCH　A,direct	累加器 A 与直接寻址单元交换	C5　direct	2	1
XCHD　A,@Ri	累加器 A 与内部 RAM 单元低 4 位交换	D6～D7	1	1
SWAP　A	累加器 A 高 4 位与低 4 位交换	C4	1	1
POP　direct	栈顶弹至直接寻址单元	D0　direct	2	2
PUSH　direct	直接寻址单元压入栈顶	C0　direct	2	2

表 A.4　　　　　　　　　　　　算术运算类指令

指　令	功　能　简　述	十六进制指令代码	字节数	机器周期
ADD　A,Rn	累加器 A 加寄存器	28～2F	1	1
ADD　A,@Ri	累加器 A 加内部 RAM 单元	26～27	1	1
ADD　A,　direct	累加器 A 加直接寻址单元	25　direct	2	1
ADD　A,#data	累加器 A 加立即数	24　data	2	1
ADDC　A,Rn	累加器 A 加寄存器和进位标志	38～3F	1	1
ADDC　A,@Ri	累加器 A 加内部 RAM 单元和进位标志	36～37	1	1
ADDC　A,　direct	累加器 A 加直接寻址单元和进位标志	35　direct	2	1
ADDC　A,#data	累加器 A 加立即数和进位标志	34　data	2	1
INC　A	累加器 A 加 1	04	1	1
INC　Rn	寄存器加 1	08～0F	1	1
INC　direct	直接寻址单元加 1	05　direct	1	1
INC　@Ri	内部 RAM 单元加 1	06～07	1	1
INC　DPTR	数据指针加 1	A3	1	2
DA　A	十进制调整	D4	1	1
SUBB　A,Rn	累加器 A 减寄存器和进位标志	98～9F	1	1
SUBB　A,@Ri	累加器 A 减内部 RAM 单元和进位标志	96～97	1	1
SUBB　A,#data	累加器 A 减立即数和进位标志	94 data	2	1
SUBB　A,　direct	累加器 A 减直接寻址单元和进位标志	95　direct	2	1
DEC　A	累加器 A 减 1	14	1	1
DEC　Rn	寄存器减 1	18～1F	1	1
DEC　@Ri	内部 RAM 单元减 1	16～17	1	1
DEC　direct	直接寻址单元减 1	15 direct	2	1
MUL　AB	累加器 A 乘寄存器 B	A4	1	4
DIV　AB	累加器 A 除以寄存器 B	84	1	4

注：1. ACALL　addr11 指令代码按页地址确定，即 2KB 存储地址单元可分为 0～7 页，指令代码分别是：01a7～
　　　a0、21a7～a0、41a7～a0、61a7～a0、81a7～a0、A1a7～a0、C1a7～a0、E1a7～a0。

　　2. AJMP　addr11 指令代码按页地址确定，即 2KB 存储地址单元可分为 0～7 页，指令代码分别是：11a7～
　　　a0、31a7～a0、51a7～a0、71a7～a0、91a7～a0、B1a7～a0、D1a7～a0、F1a7～a0。

附录 B　Keil C51 软件的使用

　　Keil C51 是德国 Keil Software 公司出品的 51 系列兼容单片机 C 语言软件开发系统，其中 uVision for Windows 是一个标准的 Windows 应用程序，它是 C51 的一个集成软件开发平台，具有源代码编辑、project 管理、集成的 make 等功能，它的人机界面友好，操作方便，是开发者的首选。是用户开发和调试单片机 C 语言源代码的理想的工具。

　　1. uVision3 的界面介绍

　　在 uVision3 中，用户可通过键盘或鼠标选择开发工具的菜单命令、设置和选项，也可使用键盘输入程序文本，uVision3 屏幕提供一个用于命令输入的菜单，一个可迅速选择命令按钮的工具条和一个或多个源程序窗口对话框及显示信息，使用工具条上的按钮可快速执行 uVision3 的许多功能。uVision3 可同时打开和查看多个源文件，当在一个窗口写程序时可参考另一个窗口的头文件信息，通过鼠标或键盘可移动或调整窗口大小，uVision3 集成环境如图 B. 1 所示。

　　（1）uVision3 的几个窗口。

　　1）编辑窗口。编辑窗口如图 B. 2 所示。

　　2）工程窗口。工程窗口包括文件组窗口和寄存器窗口（在调试时出现），如图 B. 3 所示。

　　3）命令窗口。命令窗口如图 B. 4 所示。

　　4）输出窗口。输出窗口如图 B. 5 所示。

　　5）汇编代码显示窗口。汇编代码显示窗口如图 B. 6 所示。

图 B. 1　uVision3 集成环境

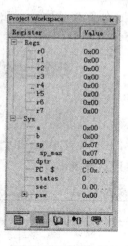

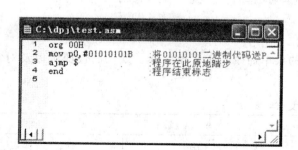

图 B.2 编辑窗口

图 B.3 工程窗口

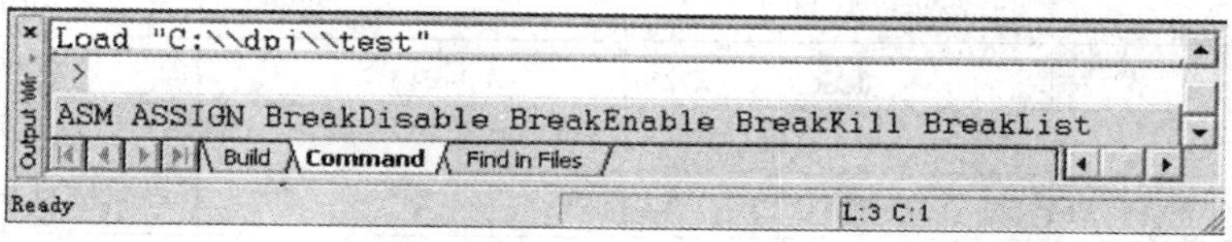

```
Load "C:\\dpj\\test"
ASM ASSIGN BreakDisable BreakEnable BreakKill BreakList
Build  Command  Find in Files
Ready                                            L:3 C:1
```

图 B.4 命令窗口

```
Build target 'Target 1'
assembling test.asm...
linking...
Program Size: data=8.0 xdata=0 code=5
creating hex file from "test"...
"test" - 0 Error(s), 0 Warning(s).
Build  Command  Find in Files
```

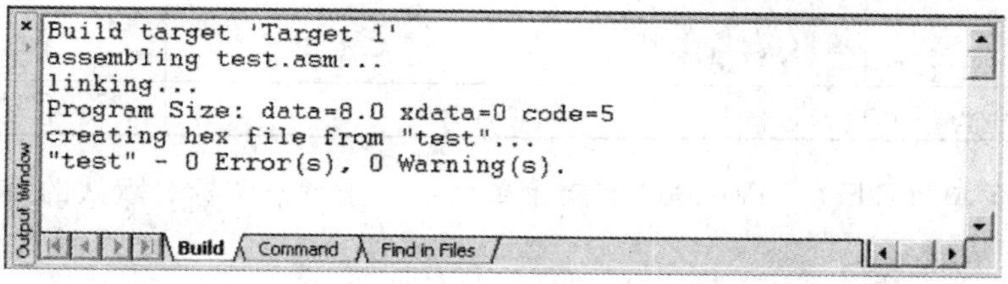

图 B.5 输出窗口

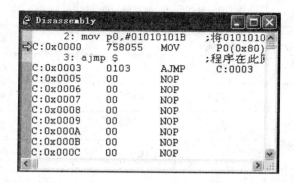

图 B.6 汇编代码显示窗口

（2）uVision3 菜单命令。可以使用菜单条上的下拉菜单和编辑器命令控制 uVision3 的操作，可使用鼠标或键盘选取菜单条上的命令。菜单条提供文件操作、编辑操作、项目保存、外部程序执行、开发工具选项、设置窗口选择及操作和在线帮助等功能，如图 B.7 所示。

图 B.7　uVision3 菜单命令

1）文件菜单（File）。uVision3 的菜单命令、工具条图标、默认的快捷键以及对它们的描述，见表 B.1。

表 B.1　　　　　　　　　　　　　　　文件菜单命令

菜　　单	工　具　条	快　捷　键	描　　述
New		Ctrl+N	创建新文件
Open		Ctrl+O	打开已有文件
Close			关闭当前文件
Save		Ctrl+S	保存当前文件
Save as			另存为
Save all			保存所有文件
Device Database			维护器件库
Print Setup			打印机设置
Print		Ctrl+P	打印当前文件
Print Preview			打印预览

2）编辑菜单（Edit）。uVision3 编辑菜单命令、工具条图标、默认的快捷键以及对它们的描述，见表 B.2。

表 B.2　　　　　　　　　　　　　　　编　辑　菜　单

菜　　单	工　具　条	快　捷　键	描　　述
Undo		Ctrl+Z	取消上次操作
Redo		Ctrl+shift+Z	重复上次操作
Cut		Ctrl+X	剪切所选文本
Copy		Ctrl+C	复制所选文本
Paste		Ctrl+V	粘贴
Ident Selected Text			将所选文本右移一个制表键的距离
Unindent Selected text			将所选文本左移一个制表键的距离
Toggle Bookmark		Ctrl+F2	设置/取消当前行的标签

续表

菜　单	工　具　条	快　捷　键	描　　述
Goto Next Bookmark			移动光标到下一个标签
Goto Previous Bookmark			移动光标到上一个标签
Clear All Bookmarks			消除当前文件的所有标签
Find		Ctrl＋F	在当前文件中查找文本
Replace		Ctrl＋H	替换当前文本
Find in Files			在所有文件中查找文本
Goto Matching Brace			在花括号前找到相匹配的括号

3）视图菜单（View）。uVision3 视图菜单命令及对它们的描述，见表 B. 3。

表 B. 3 　　　　　　　　　　视　图　菜　单

菜　单	描　　述
Status Bar	显示/隐藏状态条
File Toolbar	显示/隐藏文件菜单条
Build Toolbar	显示/隐藏编译菜单条
Debug Toolbar	显示/隐藏调试菜单条
Project Window	显示/隐藏项目窗口
Output Window	显示/隐藏输出窗口
Source Brower	显示/隐藏资源浏览器
Disassembly Window	显示/隐藏反汇编窗口
Watch & Call stack Window	显示/隐藏观察和堆栈窗口
Memory Window	显示/隐藏存储器窗口
Code coverage Window	显示/隐藏代码报告窗口
Performance Analyzer Window	显示/隐藏性能分析窗口
Symbol Window	显示/隐藏字符变量窗口
Serial Window ＃1	显示/隐藏串口 1 的观察窗口
Serial Window ＃2	显示/隐藏串口 2 的观察窗口
Serial Window ＃3	显示/隐藏串口 3 的观察窗口
Toolbox	显示/隐藏自定义工具条
Periodic Window Update	程序运行时刷新调试窗口
Workbook Mode	显示/隐藏窗口框架模式
Include Dependencies	显示/隐藏头文件
Option	设置颜色字体快捷键和编辑器的选项

4）工程菜单（Project）。uVision3 工程菜单命令及其描述，见表 B. 4。

表 B. 4 　　　　　　　　　　　　　　　　工　程　菜　单

菜　单	描　述
New Project	创建新工程
Inport uVision1 Project	转化 uVision1 的工程
Open Project	打开一个已存在的工程
Close Project	关闭当前的工程
Components,Environment,books	定义工具包含文件和库的路径
Select Device for Target	选择对象的 CPU
Remove File	从项目中移走一个组或文件
Options for File	设置对象组或文件的工具选项
Build Target	编译当前的文件并生成应用
Rebuild all target files	重新编译所有的文件并生成应用
Translate	编译当前文件
Stop build	停止生成应用的过程

　　5）调试菜单（Debug）。uVision3 调试菜单命令、工具条图标、默认的快捷键及其描述，见表 B. 5。

表 B. 5 　　　　　　　　　　　　　　　　调　试　菜　单

菜　单	工　具　条	快　捷　键	描　述
Start/Stop Debug Session	@	Ctrl＋F5	开始/停止调试模式
Go		F5	运行程序直到一个中断
Step		F11	单步运行
Step Over		F10	单步执行程序跳过子程序
Step Out of current Funtion		Ctrl＋F11	执行到当前函数的结束
Run to cursor line		Ctrl＋F10	执行到光标行
Stop running		Esc	停止运行程序
Breakpoints			打开断点对话框
Insert/Remove Breakpoint			设置或取消当前行的断点
Enable/Disable Breakpoint			使能或禁止当前行的断点
Disable All Breakpoint			禁止所有断点
Kill All Breakpoint			取消所有断点
Show Next Statement			显示下一条指令
Enable/Disable Trace Recording	REC		使能或禁止程序运行轨迹的标识
View trace recording			显示程序运行过的指令

续表

菜　单	工　具　条	快　捷　键	描　　述
Memory Map			打开存储器空间配置对话框
Performance Analyzer			打开设置性能分析的窗口
Inline Assembly			对某一行重新汇编 可以修改汇编代码
Function Editor			编辑调试函数和调试配置文件

6）工具菜单条（Tools）。利用工具菜单条可以配置运行 Gimpel，Simens Easy - Case 和用户程序，通过 Customize Tools Menu 菜单可以添加想要添加的程序。

uVision3 工具菜单命令及其描述，见表 B. 6。

表 B. 6　　　　　　　　　　工　具　菜　单　条

菜　单	描　　述
Setup PC - lint	配置 PC - lint 程序
Lint	用 PC - lint 处理当前编辑的文件
Lint all source File	用 PC - lint 处理项目中所有的源代码文件
Setup Easy - case	配置 Simens 的 Easy - case 程序
Start/stop Easy - case	运行/停止 Simens 的 Easy - case 程序
Show File(line)	用 Easy - case 程序处理当前编辑的文件
Customize Tools Menu	添加用户程序到工具菜单中

7）外围器件菜单（Peripherals）。uVision3 外围器件菜单命令、工具条图标及其描述，见表 B. 7。

表 B. 7　　　　　　　　　　外　围　器　件　菜　单

菜　单	工　具　条	描　　述
Reset CPU	RST	复位 CPU
Interrupt		中断
I/O port		I/O 口
serial		串行口
Timer		定时器

针对不同的 CPU，菜单的内容有时也不同，根据有的 CPU，菜单还有 A/D 转换等其他功能。

2. Keil uVision for Windows 的使用

Keil uVision 是一个标准的 Windows 应用程序，其编译功能、文件处理功能、project 处理功能、窗口功能以及工具引用功能（如 A51、C51、PL/M41、BL51 dScope 等）。

uVision 采用 BL51 作为连接器，因为 BL51 兼容 L51，所以一切能在 DOS 下工作的 project 都可以到 uVision 中进行连接调试。

uVision 采用 dScope for Windows 作为调试器，该调试器支持 MON51 及系统模拟两种方式。

使用 Keil 软件工具时，项目开发流程和其他软件开发项目的流程极其相似。

（1）创建一个项目，从器件库中选择目标器件，配置工具设置。

（2）用 C 语言或汇编语言创建源程序。

（3）用项目管理器生成应用。

（4）修改源程序中的错误。

（5）测试，连接应用。

通过使用 Keil 软件工具编制、调试应用软件，可以掌握单片机各种指令，也可以掌握单片机软件开发的步骤、方法和技巧。

现在，做一个实际程序，在 Keil C51 集成开发环境 uVision3 中实际体验一下从编辑源程序到程序调试的全过程。这里做一个让单片机 P0 口所驱动的 LED 灯隔一个亮隔一个灭的程序。

在 Keil 系统中，每做一个独立的程序，都视为工程（或者称为项目）。首先从菜单的 "Project" 中 "New Project..."，建立将要做的工程项目，即新建项目，如图 B.8 所示。

新建的工程要起个与工程项目意义一致的名字，可以是中文名；这里的程序是实验测试程序，起的名字为 Test，并将 Test 工程 "保存" 到 C：\dpj 下，即保存项目，如图 B.9 所示。

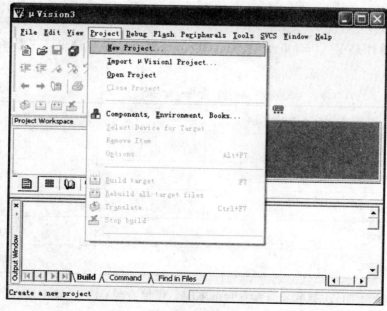

图 B.8　新建项目

图 B.9　保存项目

　　接下来，Keil 环境要求为 Test 工程选择一个单片机型号。这里选择 Atmel 公司的 89C51，单击"确定"按钮后该工程项目建立，如图 B.10 所示。

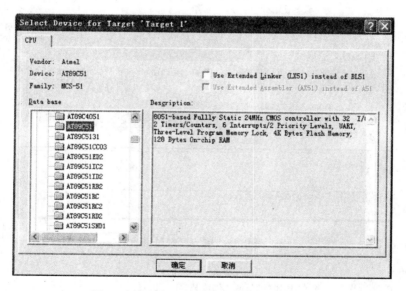

图 B.10　为建立工程项目选择单片机型号

　　建立了工程项目，接下来要实施这个工程，现在为工程添加程序如图 B.11 所示。单击"File"中的"New…"，新建一个空白文档；这个空白文档是编写单片机程序的场所，在这里可以进行编辑、修改等操作。

　　根据题意，在文档中编写入下列程序代码，如图 B.12 所示。

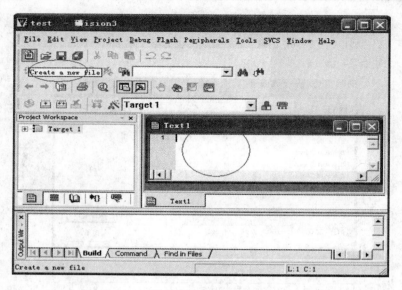

图 B. 11　新建文档

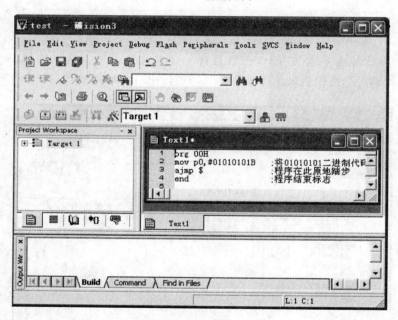

图 B. 12　编写程序代码

```
    org   00H
mov  p0,#01010101B    ;将 01010101 二进制代码送 P0 口
ajmp  $               ;程序在此原地踏步
end                   ;程序结束标志
```

　　写完后再检查一下，并保存文件。保存文件时，其文件名最好与前面建立的工程名相同，其扩展名必须为　. Asm，"文件名"一定要写全，如"Test. Asm"；保存后的文档彩色语法会起作用，将关键字实行彩色显示。如图 B. 13 所示为保存文件。

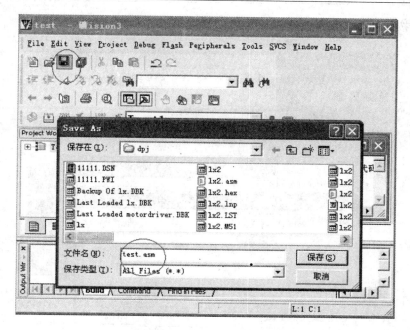

图 B.13　保存文件

保存了 Asm 文件后，还要将其添加到工程中。具体做法如下：

如图 B.14 所示，用右击"Source Group 1"按钮，在弹出的菜单中选"Add files to Group 'Source Group 1'"。在接下来出现的窗口中，选择"文件类型"为"Asm 源文件（*.s*；*.src；*.a*）"，选中刚才保存的 Test.Asm，单击"Add"按钮，再单

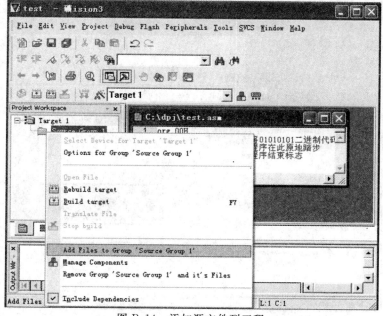

图 B.14　添加源文件到工程

击"Close"按钮，文件就添加到了工程中，如图 B.15 所示。

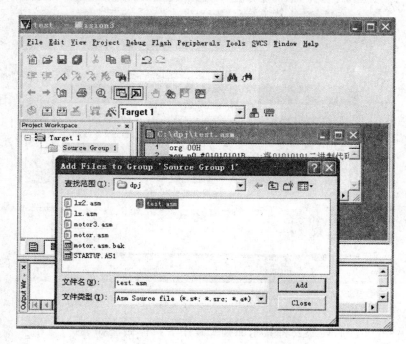

图 B.15　选择文件类型

向工程添加了源文件后，用右击"TarGet 1"按钮，在弹出的菜单中选"Options for Target'Target 1'"，设置目标如图 B.16 所示。

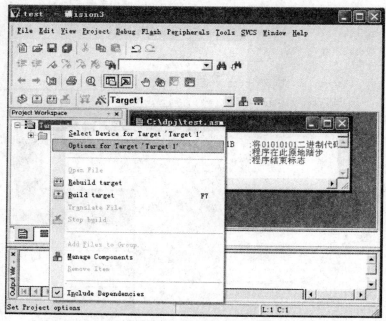

图 B.16　设置目标

在打开的对话框中，选择"Output"选项卡，在这个选项卡中，在"Creat HEX Fi:"选项前打钩，单击"确定"按钮退出，如图 B.17 所示。

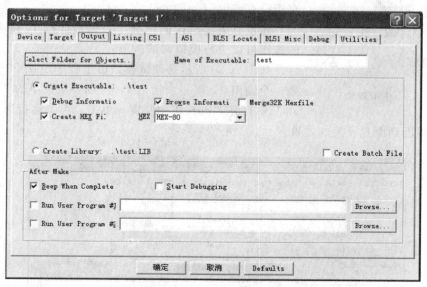

图 B.17　设置 Output 选项

最后，从菜单的"Project"中执行"Rebuild all target files"（或者单击圈中的按钮），汇编、连接、创建目标文件，如图 B.18 所示。在工程文件的目录下会生成与工程名相同的一些文件，其中生成的 Hex 文件是要写到单片机中的最终代码，也就是单片机可以执行的程序。

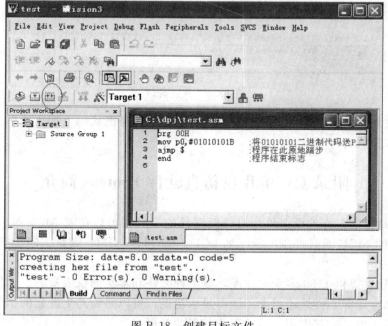

图 B.18　创建目标文件

图 B.19 模拟调试

若在下面的状态窗中有错误提示，就需要再次编辑、修改源程序（如语法、字符有错等）、保存、构造目标，直至没有错误。

在没有语法错误的情况下，单击如图 B.19 所示圈中的按钮可以进行模拟调试。

如图 B.20 所示是调试窗。由于程序是让 P0 口 8 个脚隔一个输出 0，隔一个输出 1，所以要从菜单的 "peripherals" 中打开 "Port 0" P0 窗；单击 "单步运行" 按钮，在 P0 窗中可以看到原先设想的效果。

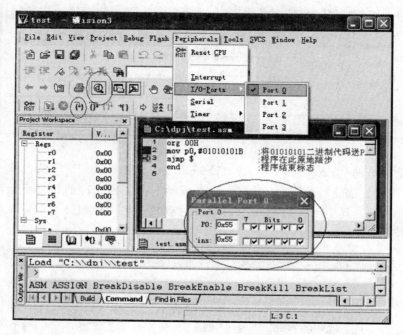

图 B.20 调试窗口

至此，整个项目的开发流程基本结束，剩下的工作是把代码（即生成的 .HEX 文件）烧写进 CPU 芯片中。

附录 C 单片机仿真软件 Proteus 简介

Proteus 是目前最好的模拟单片机外围器件的工具。可以仿真 51 系列、AVR、PIC、ARM 等常用的 MCU 及其外围电路（如 LCD、RAM、ROM、键盘、LED、AD/DA、部分 SPI 器件……）。

Proteus 软件提供了 30 多个元件库，数千种元件和丰富的仪表资源。元件涉及数字和模拟、交流和直流等，另外还提供了图形显示功能，可以将线路上变化的信号，以图形的方式实时地显示出来，其作用与示波器相似但功能更多。

1. Proteus 界面介绍

（1）坐标系统（CO - ORDINATE SYSTEM）。ISIS 中坐标系统的基本单位是 10nm，主要是为了和 ARES 保持一致。但坐标系统的识别（read - out）单位被限制在 1000。坐标原点位于工作区的中间，既有正坐标值，又有负坐标值。坐标位置指示器位于屏幕的右下角。使用实时捕捉（Real - Time Snap）功能，当鼠标指针指向管脚末端或者导线时，x、y 坐标之一或二者都被加亮显示，加亮显示说明鼠标指针位置已经被捕捉。例如，如果鼠标指针在一条横线附近，它将会被捕捉到 y 轴，y 坐标将会被加亮。

（2）屏幕外观（SCREEN LAYOUT）。运行 Proteus，进入程序主窗口，整个屏幕被分成 3 个区域——编辑窗口（Editing Window）、预览窗口（Overview Window）、工具箱，如图 C.1 所示。

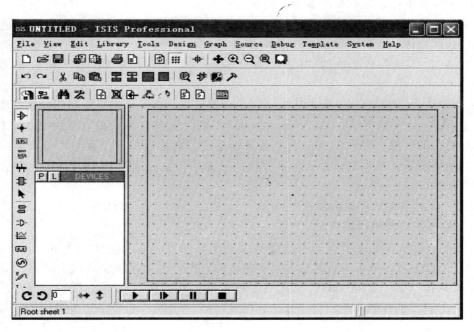

图 C.1 Proteus 主窗口

1）编辑窗口（Editing Window）。编辑窗口显示正在编辑的电路原理图，可以通过"View"菜单的"Redraw"命令来刷新显示内容，同时预览窗口中的内容也将被刷新。当执行其他命令导致显示错乱时可以使用该特性恢复显示。要使编辑窗口显示一张大的电路图的其他部分，可以通过如下几种方式：①方式一，单击预览窗口中想要显示的位置，编辑窗口将显示单击处为中心的内容；②方式二，在编辑窗口内移动鼠标，按 Shift 键，单击边框，编辑窗口会显示平移。称为 Shift - Pan；③方式三，用鼠标指向编辑窗口并按缩放键，编辑窗口会以鼠标指针位置为中心重新显示。

a. 缩放（Zooming）。按 F6 键可以放大电路图（连续按会不断放大直到最大），按 F7 键可以缩小电路图（类似的连续按会不断缩小直到最小），这两种情况无论哪种都会以当前鼠标位置为中心重新显示。按 F8 键可以把一整张图缩放到完全显示出来。图的大小可以通过"View"菜单的"Zoom"命令或者上述的功能键控制。无论何时都可以使用功能键控制缩放，即便是在滚动和拖放对象时。另外，按 Shift 键，同时在一个特定的区域用鼠标左键拖一个框，则框内的部分就会被放大，这个框可以在编辑窗口内拖，也可以在预览窗口内拖。

　　b. 点状栅格（The Dot Grid）。编辑窗口内有点状的栅格，可以通过"View"菜单的"Grid"命令在打开和关闭间切换。点与点之间的间距由当前捕捉的设置决定。

　　c. 捕捉到栅格（Snapping to a Grid）。注意到鼠标在编辑窗口内移动时，坐标值是以固定的步长增长的——初始设定是 100。这称为捕捉，能够把元件按栅格对齐。捕捉的尺度可以由"View"菜单的"Snap"命令设置，或者直接按快捷键 F4、F3、F2 和 Ctrl＋F1 组合键。如果要确切地看到捕捉位置，可以使用"View"菜单的"X-Cursor"命令，选中后将会在捕捉点显示一个小的或大的交叉十字。

　　d. 实时捕捉（Real Time Snap）。当鼠标指针指向管脚末端或者导线时，鼠标指针将会捕捉到这些物体，这种功能被称为实时捕捉，该功能可以方便地实现导线和管脚的连接。可以通过"Tools"菜单的"Real Time Snap"命令或者按 Ctrl＋S 组合键切换该功能。

　　2）预览窗口（The Overview Window）。预览窗口通常显示整个电路图的缩略图，上面有一个 half-inch 的格子。The cyan box 标示出图的边框，同时窗口上的绿框标出在编辑窗口中显示的区域。在预览窗口上单击鼠标左键，将会以单击位置为中心刷新编辑窗口。在其他情况下，预览窗口显示将要放置的对象的预览。这种 Place Preview 特性在下列情况下被激活：

　　a. 当一个对象在选择器中被选中。

　　b. 当使用旋转或镜像按钮时。

　　c. 当为一个可以设定朝向的对象选择类型图标时（如 Component icon、Device Pin icon 等），当放置对象或者执行其他非以上操作时，Place Preview 会自动消除。

　　3）工具箱（The Toolbox）。工具箱区域包括一些图标（icons）和一个项目选择器（item selector）。上部的 8 组图标用来选择放置不同的对象，下部的 8 组图标进行相应的控制。

　　4）对象选择器（Object Selector）。对象选择器根据由图标决定的当前状态显示不同的内容。显示对象的类型包括设备、终端、管脚、图形符号、标注和图形。在某些状态下，对象选择器有一个"Pick"切换按钮，单击该按钮可以弹出库元件选取窗体。通过该窗体可以选择元件并置入对象选择器，在今后绘图时使用。

　　2. 基本的编辑操作

　　（1）对象放置（Object Placement）。ISIS 支持多种类型的对象，虽然类型不同，但放置对象的基本步骤都是一样的。

　　放置对象的步骤如下（To place an object）：

　　1）根据对象的类别在工具箱选择相应的模式图标（mode icon）。

　　2）根据对象的具体类型选择子模式图标（sub-mode icon）。

　　3）如果对象类型是元件、端点、管脚、图形、符号或标记，从选择器（selector）里选择你要的对象的名字。对于元件、端点、管脚和符号，可能首先需要从库中调出。

4）如果对象是有方向的，将会在预览窗口显示，可以通过单击旋转和镜像图标来调整对象的朝向。

5）最后，指向编辑窗口并单击放置对象。对于不同的对象，确切的步骤可能略有不同，但和其他的图形编辑软件是类似的，而且很直观。

（2）选中对象（Tagging an Object）。右击可以选中该对象，使其高亮显示，然后可以进行编辑。

1）选中对象时该对象上的所有连线同时被选中。

2）要选中一组对象，可以通过依次单击选中每个对象的方式，也可以通过鼠标拖出一个选择框的方式，但只有完全位于选择框内的对象才可以被选中。

（3）删除对象（Deleting an Object）。用鼠标指向选中的对象并右击可以删除该对象，同时删除该对象的所有连线。

（4）拖动对象（Dragging an Object）。用鼠标指向选中的对象并用左键拖曳可以拖动该对象。该方式不仅对整个对象有效，而且对对象中单独的 labels 也有效。

1）如果使用 Wire Auto Router 功能，被拖动对象上所有的连线会重新排布或者"fixed up"，这将花费一定的时间（10s 左右），尤其在对象有很多连线的情况下。这时鼠标指针将显示为一个沙漏。

2）如果误拖动一个对象，所有的连线都变成一团糟，可以使用"Undo"命令撤销操作，恢复原来的状态。

（5）拖动对象标签（Dragging an Object Label）。许多类型的对象有一个或多个属性标签附着。例如，每个元件有一个"reference"标签和一个"value"标签。可以很容易地移动这些标签使电路图看起来更美观。

移动标签的步骤如下（To move a label）：

1）选中对象。

2）用鼠标指向标签，单击。

3）拖动标签到你需要的位置。如果要定位更精确，可以在拖动时改变捕捉的精度（按 F4、F3、F2 键或按 Ctrl＋F1 组合键）。

4）释放鼠标。

（6）调整对象大小（Resizing an Object）。子电路（Sub‐circuits）、图表、线、框和圆可以调整大小。当选中这些对象时，对象周围会出现称为"手柄"的白色小方块，可以通过拖动这些"手柄"来调整对象的大小。

调整对象大小的步骤如下（To resize an object）：

1）选中对象。

2）如果对象可以调整大小，对象周围会出现白色小方块，称为"手柄"。

3）用鼠标左键拖动这些"手柄"到新的位置，可以改变对象的大小。在拖动的过程中手柄会消失以便不和对象的显示混叠。

（7）调整对象的朝向（Reorienting an Object）。许多类型的对象可以调整朝向为 0°、90°、270°、360°或通过 x 轴、y 轴镜像。当该类型对象被选中后，"Rotation and Mirror"

图标会从蓝色变为红色，然后可以改变对象的朝向。

调整对象朝向的步骤如下（To reorient an object）：

1）选中对象。

2）单击"Rotation"图标可以使对象逆时针旋转，右击"Rotation"图标可以使对象顺时针旋转。

3）单击"Mirror"图标可以使对象按 x 轴镜像，右击"Mirror"图标可以使对象按 y 轴镜像。毫无疑问，当"Rotation and Mirror"图标是红色时，操作它们将会改变某个对象，即便当前没有看到它，实际上，这种颜色的指示在想对将要放置的新对象操作时是格外有用的。当图标是红色时，首先取消对象的选择，此时图标会变成蓝色，说明现在可以"安全"调整新对象了。

（8）编辑对象（Editing an Object）。许多对象具有图形或文本属性，这些属性可以通过一个对话框进行编辑，这是一种很常见的操作，有多种实现方式。

1）编辑单个对象的步骤如下：

a. 选中对象。

b. 单击对象。

2）连续编辑多个对象的步骤如下：

a. 选择"Main Mode"图标，再选择"Instant Edit"图标。

b. 依次单击各个对象。

3）以特定的编辑模式编辑对象的步骤如下：

a. 指向对象。

b. 按 Ctrl＋E 组合键。

对于文本脚本来说，这将启动外部的文本编辑器。如果鼠标没有指向任何对象，该命令将对当前的图进行编辑。

4）通过元件的名称编辑元件的步骤如下：

a. 按 E 键。

b. 在弹出的对话框中输入元件的名称（part ID）。

确定后将会弹出该项目中元件的编辑对话框，并非只限于当前 sheet 的元件。编辑完成后，画面将会以该元件为中心重新显示。可以通过该方式来定位一个元件，即便你并不想对其进行编辑。

（9）编辑对象标签（Editing An Object Label）。元件、端点、线和总线标签都可以像元件一样编辑。

1）编辑单个对象标签的步骤如下：

a. 选中对象标签。

b. 单击对象。

2）连续编辑多个对象标签的步骤如下：

a. 选择 Main Mode 图标，再选择 Instant Edit 图标。

b. 依次单击各个标签。

上述任何一种方式，都将弹出一个带有"Label and Style"栏的对话框窗体。

（10）复制所有选中的对象（Copying all Tagged Objects）。复制一整块电路的方式如下：

1）选中需要的对象，具体的方式参照上文的 Tagging an Object 部分。

2）单击"Copy"图标。

3）把复制的轮廓拖到需要的位置，单击放置复制。

4）重复第三步放置多个复制。

5）右击结束。

当一组元件被复制后，他们的标注自动重置为随机态，用来为下一步的自动标注作准备，防止出现重复的元件标注。

（11）移动所有选中的对象（Moving all Tagged Objects）。移动一组对象的步骤如下：

1）选中需要的对象，具体的方式参照上文的 Tagging an Object 部分。

2）把轮廓拖到需要的位置，左击放置。

（12）删除所有选中的对象（Deleting all Tagged Objects）。删除一组对象的步骤如下：

1）选中需要的对象，具体的方式参照上文的 Tagging an Object 部分。

2）单击"Delete"图标。

如果错误删除了对象，可以使用"Undo"命令来恢复原状。

（13）在两个对象间连线的步骤。先单击第一个对象连接点。如果想让 ISIS 自动定出走线路径，只需单击另一个连接点。另一方面，如果想自己决定走线路径，只需在想要的拐点处单击。

一个连接点可以精确地连到一根线。在元件和终端的管脚末端都有连接点。一个圆点从中心出发有 4 个连接点，可以连 4 根线。

此外，一个连接点意味着 3 根线汇于一点，ISIS 提供了一个圆点，避免由于错、漏点而引起混乱。

在此过程的任何一个阶段，都可以按 ESC 来放弃画线。

（14）线路自动路径器（Wire Auto - Router）。线路自动路径器（WAR）省去了必须标明每根线具体路径的麻烦。该功能默认是打开的，但可通过两种途径方式略过该功能。如果只是在两个连接点单击，WAR 将选择一个合适的路径。但如果单击了一个连接点，然后单击一个或几个非连接点的位置，ISIS 将认为在手工定线的路径，将会让单击线的路径的每个角。路径是通过单击另一个连接点来完成的。WAR 可通过使用工具菜单里的 WAR 命令来关闭。这个功能在两个连接点间直接定出对角线时是很有用的。

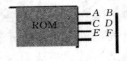

图 C.2 重复布线示意图

（15）重复布线（Wire Repeat）。假设需要连接一个 ROM 数据总线到电路图主要数据总线，已将 ROM、总线和总线插入点如图 C.2 放置。

首先左击 A，然后左击 B，在 AB 间画一根水平线。双击 C，重复布线功能会被激活，自动在 CD 间布线。双击 E、F，以下类同。

重复布线完全复制了上一根线的路径。如果上一根线已经是自动重复布线将仍旧自动复制该路径。另一方面，如果上一根线为手工布线，那么将精确复制用于新的线。

（16）拖线（Dragging Wires）。尽管线一般使用连接和拖的方法，但也有一些特殊方法可以使用。

如果拖动线的一个角，那该角就随着鼠标指针移动。

如果鼠标指向一个线段的中间或两端，就会出现一个角，然后可以拖动。注意：为了使后者能够工作，线所连的对象不能有标示，否则 ISIS 会认为是拖动该对象。也可使用块移动命令来移动线段或线段组。

（17）移动线段或线段组。

1）在待移动的线段周围拖出一个选择框。若该“框”为一个线段旁的一条线也是可以的。

2）单击“移动”图标（在工具箱里）。

3）以相反方向垂直于线段移动“选择框”（tag - box）。

4）单击结束。

如果操作错误，可使用“Undo”命令返回。

对象被移动后节点可能仍留在对象原来位置周围，ISIS 提供一项技术来快速删除线中不需要的节点。

（18）从线中移走节点。

1）选中（Tag）要处理的线。

2）用鼠标指向节点一角，单击。

3）拖动该角和自身重合。

4）松开鼠标左键，ISIS 将从线中移走该节点。

3. 单片机系统的 Proteus 设计与仿真开发过程

在未出现计算机的单片机仿真技术之前，单片机系统的传统开发过程一般可分为三步：①单片机系统原理图设计、选择元器件接插件、安装和电气检测等；②单片机系统程序设计、汇编编译、调试和编程等；③单片机系统实际运行、检测、在线调试直至完成。

Proteus 强大的单片机系统设计与仿真功能，使它可成为单片机系统应用开发和改进手段之一，全部过程都是在计算机上通过 Proteus 来完成的。其过程也可分为三步：①在 ISIS 平台上进行单片机系统电路设计、选择元器件、接插件、连接电路和电气检测等；②在 ISIS 平台上进行单片机系统程序设计、编辑、汇编编译、代码级调试，最后生成目标代码文件（. HEX）；③在 ISIS 平台上将目标代码文件加载到单片机系统中，并实现单片机系统的实时交互、协同仿真。它在相当程度上反映了实际单片机系统的运行情况。

下面通过一个单片机控制 LED 发光管发光的简单例子，来说明用 Proteus 设计与仿真开发单片机控制系统的过程。

设 LED 发光管的初始状态为亮，按一下按键，LED 灭，再按，LED 亮，……，亮灭交替。该电路原理图如图 C.3 所示。

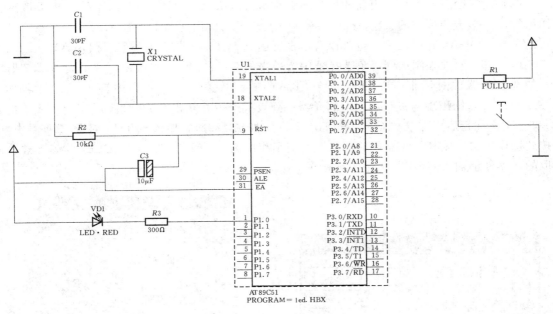

图 C.3 LED 控制的电路原理图

其设计与仿真开发过程如下：

（1）新建设计文件。单击菜单中的"File→New Design"，出现选择模板窗口，如图 C.4 所示。其中横向图纸为 Landscape，纵向图纸为 Portrait，DEFAULT 为默认模板。选中模板"DEFAULT"，再单击"OK"按钮，单击"保存"按钮，弹出"Save ISIS Design File"对话框。在文件名框中输入 LED 的文件名后，再单击"保存"按钮，则完成新建设计文件操作，其后缀自动为 .DSN，即 LED.DSN。

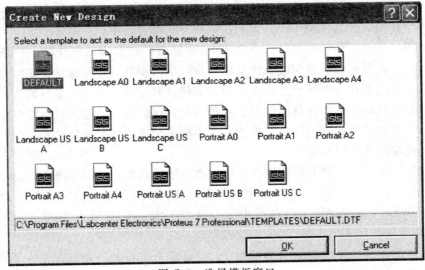

图 C.4 选择模板窗口

附　录

（2）设定绘图纸大小。当前的用户图纸大小为默认 A4：长宽为 10in×7in。若要改变图纸大小，单击菜单中的"System→Set Sheet Size"，弹出如图 C.5 所示的窗口，在窗口可以选择 A0～A4 其中之一，也可以自己设置图纸大。本例图纸大小采用默认 A4。

（3）选取元件并添加到对象选择器中。单击图 C.6 中的"P"按钮，弹出如图 C.7 所示的选取元器件对话框。在其左上角"Keywords"（关键字）一栏中输入元器件名称"AT89C51"，则出现与关键字匹配的元器件列表。选中并双击 AT89C51 所在行，或单击 T89C51 所在行后再单击"OK"按钮，便将器件 AT89C51 加入到 ISIS 对象选择器中。按此操作方法完成其他元器件的选取。关键字相应为"CAP"、"CAP-ELEC"等。被选取的元器件都加入到 ISIS 对象选择器中。

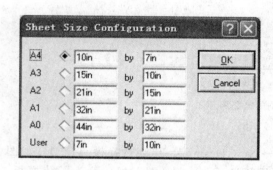

图 C.5　图纸大小设定窗口

图 C.6　"P"按钮

上述的选取方法称"关键字查找法"。关键字可以是对象的名称（全名或其部分）、描述、分类、子类，甚至是对象的属性值。若搜索结果相匹配的元器件太多，可以通过限定分类、子类来缩小搜索范围，再做取舍。

还有一种"分类查找法"，以元器件所属大类、子类甚至生产厂家为条件一级一级地缩小范围进行查找。在具体操作时，常将这两种方法结合使用。

（4）放置、移动、旋转元器件。单击 ISIS 对象选择器中的元器件名，蓝色条出现在该元器件名上。把鼠标指针移到编辑区某位置后，单击就可放置元器件于该位置，每单击一次，就放一个元器件。要移动元器件，先右击使元器件处于选中状态（即高亮度状态），再按住鼠标左键拖动，元器件就跟随指针移动，到达目的地后，松开鼠标即可。要调整元器件方向，先将指针指在元器件上右击选中，再单击相应的转向按钮。若多个对象一起移动或转向，选相应的块操作命令。

通过放置、移动、旋转元器件操作，可将各元器件放置在 ISIS 编辑区中的合适位置。

（5）放置电源、地（终端）。单击模式选择工具栏中的终端按钮，在 ISIS 对象选择器中单击"POWER"（电源），再在编辑区要放置电源的位置单击完成。放置 GROUN（地）的操作类似。

（6）电路图布线。系统默认自动捕捉-n 和自动布线有效。相继单击元器件引脚间、线间等要连线的两处，会自动生成连线。

178

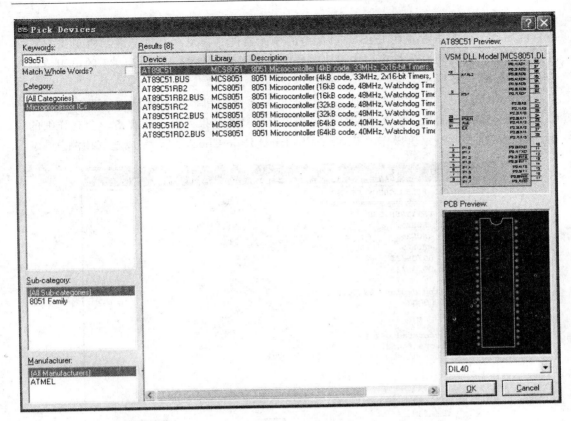

图 C.7　元器件选取对话框

绘成的电路原理图如图 C.3 所示。

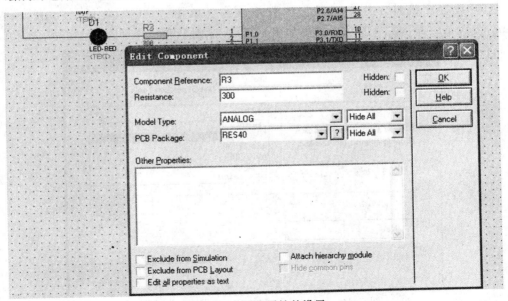

图 C.8　电阻的属性的设置

（7）设置、修改元器件的属性。Proteus 库中的元器件都有相应的属性，要设置、修改它的属性，可右击放置在 ISIS 编辑区中的该元器件（显示高亮度）后，再单击它打开其属性窗口，这时可在属性窗口中设置、修改它的属性。例如，将电阻 $R1$ 的电阻值修改为 300，如图 C.8 所示。

（8）电气检测。设计电路完成后，单击电气检查按钮，会出现检查结果窗口，如图 C.9 所示。窗口前面是一些文本信息，接着是电气检查结果列表，若有错，会有详细的说明。当然，也可通过菜单操作"Tools—Electrical Rule Check..."，完成电气检测。

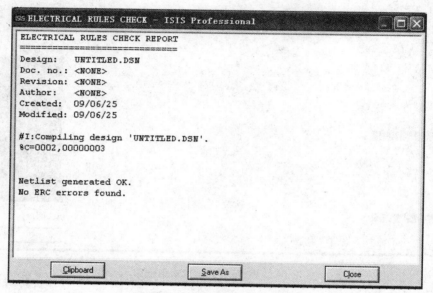

图 C.9 电气检测结果列表窗口

（9）源程序设计。首先要添加源程序文件：单击"ISIS"菜单"Source→Add/Remove Source Files..."选项，弹出如图 C.10 所示对话框，在"Code Generation Tool"

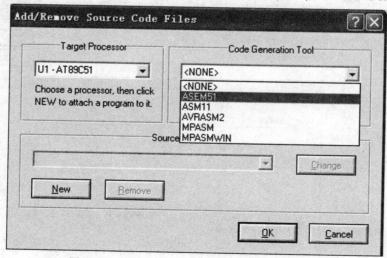

图 C.10 Add/Remove Source Code Files 对话框

下拉菜单选择代码生成工具"ASEM51"。若"Source Code Filename"下方框中没有所要的源程序文件，则单击"New"按钮，在对话框文件名框中输入新建源程序文件名led.asm后，单击"打开"按钮，会弹出如图 C.11 所示的小对话框，单击"是"按钮，新建的源程序文件就添加到图 C.10 中的"Source Code Filename"下方框中，同时在菜单"Source"中也出现源程序文件"led.asm"，如图 C.12 所示。

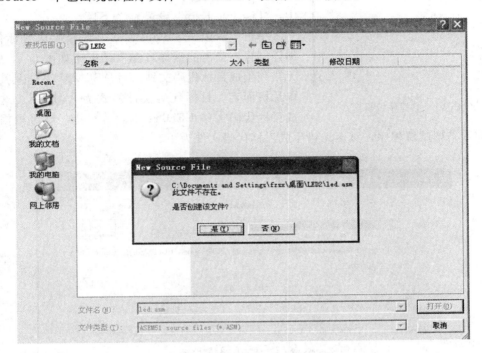

图 C.11　新建源程序对话框

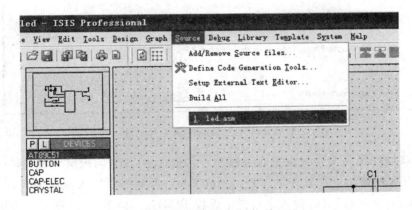

图 C.12　源程序文件加载到 ISIS

然后编写编辑源程序：单击菜单"Source→led.asm"，在图 C.13 所示的源程序编辑窗口中编辑源程序。编辑无误后，单击"保存"按钮存盘，文件名就是 led.asm。

（10）生成目标代码文件。如果首次使用某一编译器，则需设置代码产生工具，单击菜

图 C. 13　源程序编辑窗口

单 "Source→Define Code Generation Tools"，如图 C. 14 所示。其中，"Code Generation Tool"（代码生成工具）设置为 "ASEM51"，"Make Rules" 中，"Source Extn" 设置为 "ASM"，"Obj Extn" 设置为 "HEX"，"Command Line" 设置为 "％1"，"Debug Data Extraction" 中，"List File Extn" 设置为 "LST"。

单击 "Source→Build All"，编译生成目标代码，编译结果在弹出的编译日志对话框中如图 C. 15 所示，无错则生成目标代码文件。对 ASEM51 系列及其兼容单片机而言，目标代码文件格式为 ＊. HEX。这里生成目标代码文件 LED. HEX。若有错，则可根据编译日志提示来调试源程序，直至无错生成目标代码文件为止。

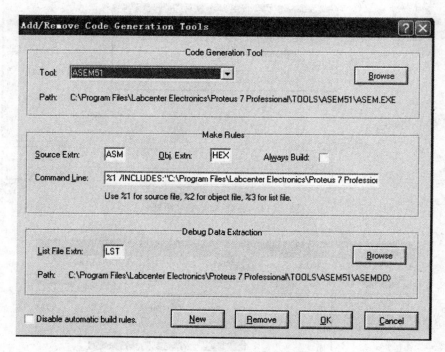

图 C. 14　目标代码生成工具设置

　　然后加载目标代码文件、设置时钟频率。右击选中 ISIS 编辑区中单片机 AT89C51，再单击打开其属性窗口，在其中的 "Program File" 右侧框中输入或选取目标代码文件，再在 "Clock Frequency"（时钟频率）栏中设置 12MHz，如图 C. 16 所示。因运行时钟频率以单片机属性设置中的时钟频率（Clock Frequency）为准，所以在编辑区设计 MCS - 51系列单片机系统电路时，可以略去单片机振荡电路。另外，对 MCS - 51 系列单片机而言，复位电路也可以略去，EA 控制引脚也可悬空。但要注意若要进行电路电气检测，不可略去。

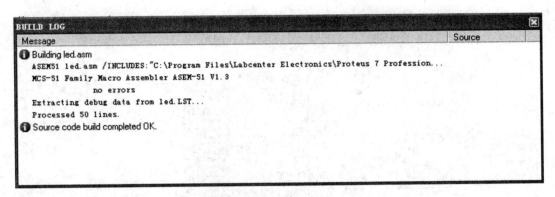

图 C.15　源程序编译日志窗口

图 C.16　加载目标代码文件窗口

（11）仿真调试。直接单击仿真按钮中的▶，则会全速仿真，此时 LED 亮。单击图 C.17 中的按钮，实现交互仿真。单击一次按钮，通过单片机使 LED 熄灭，再次单击按钮，LED 亮。如此循环，LED 亮灭交替。若单击停止仿真按钮■，则终止仿真。

若进一步调试，可通过"DEBUG"菜单进行，调试菜单和调试窗口在全速运行时不显示，单击暂停按钮，弹出源程序调试窗口，如图 C.18 所示。若未出现，再单击"DEBUG"菜单，在弹出下拉菜单中，单击选择"8051 CPU Source Code - U1"，即可显示源代码调试窗口。在此还有三个存储器窗口，如图 C.19～图 C.21 所示。要查看其他窗口，在相应的调试项所在行上单击，该项前出现"√"，表示已打开相应的窗口。通过这些窗口，可以进行各种方式的调试。

4. Proteus 与 Keil C 的联调

Keil 与 Proteus 的结合可以实现系统的软硬件调试，其中 Keil C 作为软件调试界面，

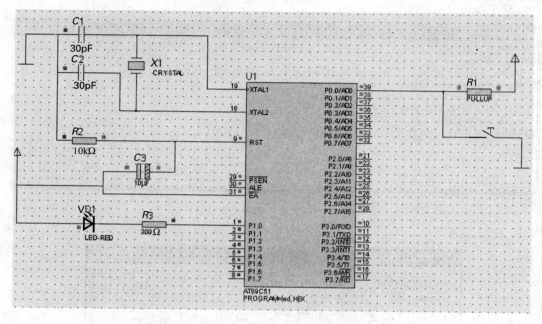

图 C.17　LED 控制电路全速仿真图

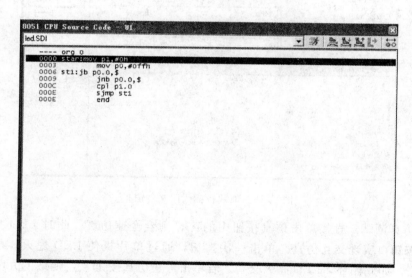

图 C.18　暂停仿真时的源代码调试窗口

Proteus 作为硬件仿真和调试界面。下面介绍如何在 Keil 中调用 Proteus 进行 MCU 外围器件的仿真。

（1）安装 Keil C51 与 Proteus。

（2）把安装 Proteus \ MODELS 目录下 VDM51. dll 文件复制到 Keil C51 安装目录的 \ C51 \ BIN 目录中。

（3）用文本编辑软件修改 Keil 安装目录下的 Tools. ini 文件，在 C51 字段加入 TDRV5＝BIN \ VDM51. DLL("Proteus VSM Monitor‑51 Driver")，并保存。在 Proteus7

图 C.19　单片机寄存器窗口

图 C.20　单片机 SFR 窗口

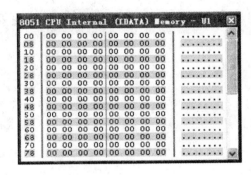

图 C.21　单片机 IDATA 窗口

中只有 MCS8051.DLL。同样把它复制到 Keil 安装目录下的 Tools.ini 文件中。

（4）然后安装 Keil 与 Proteus 联调驱动。

（5）打开 Proteus，画出相应电路，在 Proteus 的 "debug" 菜单中选中 "use remote debug monitor"。注意：不用再给 51 芯片中添加程序，即留空给仿真联调。

（6）在 Keil C51 中编写 MCU 的源程序。

（7）进入 Keil 的 "project" 菜单 "option for target" 的 "工程名"。在 "debug" 选项中右栏上部的下拉菜单选中 "Proteus VSM Monitor-51 Driver"。进入 "seting"，如果同一台机 IP 名为 127.0.0.1，如不是同一台机则填另一台的 IP 地址。端口号一定为 8000。即可以在一台机器上运行 Keil，在另一台中运行 Proteus 进行远程仿真。

（8）在 Keil 中进行调试（debug）并运行程序（Run），同时在 Proteus 中可以看到直观的结果，这样可以像使用仿真器一样调试程序。

参 考 文 献

［1］ 宁爱民，兰如波．单片机应用技术．北京：北京理工大学出版社，2009.

［2］ 汪德彪．MCS-51 单片机原理及接口技术．北京：电子工业出版社，2007.

［3］ 李国兴．单片机开发应用技术．北京：北京大学出版社，2007.

［4］ 串行口通信［EB/OL］．http：//www.sfmcu.com，2008-06-04.

［5］ 陈权昌，李兴富．单片机原理及应用．广州：华南理工大学出版社，2007.

［6］ 胡辉．单片机应用系统设计与训练．北京：中国水利水电出版社，2004.

［7］ 王守中．51 单片机开发入门与典型实例．北京：人民邮电出版社，2007.

［8］ 求是科技．单片机典型模块设计实例导航．北京：人民邮电出版社，2004.

［9］ 刘鹏．基于单片机的智能家居环境状况监控器．科技广场，2008（3）.

［10］ 周润景．Proteus 在 MCS-51 & ARM7 系统中的应用百例．北京：电子工业出版社，2006.

［11］ 张靖武．单片机系统的 Proteus 设计与仿真．北京：电子工业出版社，2007.